U0294811

番茄"传家宝"种质资源图鉴

赵凌侠 王 珊 赵伟华 著

上海交通大学出版社
SHANGHAI JIAO TONG UNIVERSITY PRESS

内容简介

番茄(*Solanum lycopersicum*)在产量、货架日期、抗病和抗逆遗传改良等方面取得了长足发展,我国番茄周年供应已成为可能。然而,当下仍存在"番茄无味"的品质问题,已引起消费者、育种家和科学家的关注。限制番茄品质改良的原因可以归结为基础研究薄弱和缺乏优质资源。因而,作者以"传家宝""野生资源"和"突变体库"的三位一体理念为基础展开研究,以期解决我国番茄近、中、远期不同发展阶段种质资源匮乏的难题。本书在简要综述番茄种质资源的基础上,对引自北美的番茄"传家宝"种质资源的植物学特征、品质性状(类胡萝卜素、糖、酸、抗坏血酸及挥发性物质)进行了分析,并用特征图片展示了不同番茄"传家宝"种质资源的植物学特征,以期缓解乃至解决我国番茄种质资源匮乏的问题,生产出有番茄味、优质、令消费者满意的番茄。

本书可作为番茄科学家、育种家和番茄生产者进行基础研究、育种亲本选择及新品种提纯复壮时的参考书。

图书在版编目(CIP)数据

番茄"传家宝"种质资源图鉴 / 赵凌侠,王珊,赵伟华著. —上海:上海交通大学出版社,2024.1
ISBN 978-7-313-29967-3

Ⅰ.①番… Ⅱ.①赵… ②王… ③赵… Ⅲ.①番茄-种质资源-图集 Ⅳ.①S641.224-64

中国国家版本馆CIP数据核字(2023)第240233号

番茄"传家宝"种质资源图鉴
FANQIE "CHUANJIABAO" ZHONGZHI ZIYUAN TUJIAN

著　　者:赵凌侠　王　珊　赵伟华

出版发行:上海交通大学出版社　　　　　　　地　　址:上海市番禺路951号
邮政编码:200030　　　　　　　　　　　　　电　　话:021-64071208
印　　制:上海新华印刷有限公司　　　　　　经　　销:全国新华书店
开　　本:787mm×1092mm　1/16　　　　　　印　　张:18.25
字　　数:330千字
版　　次:2024年1月第1版　　　　　　　　　印　　次:2024年1月第1次印刷
书　　号:ISBN 978-7-313-29967-3
定　　价:188.00元

前 言

番茄（*Solanum lycopersicum*）果、蔬兼用，是仅次于马铃薯（*Solanum tuberosum*）的全球第二大蔬菜作物。2021 年，全球番茄产量达 1.89 亿吨，其中，我国番茄产量达 0.68 亿吨，占全球 1/3，其在蔬菜供给和国民经济发展中占有不可或缺的地位。番茄的起源地为南美，西班牙人埃尔南·科尔特斯（Hernando Cortes，1485—1547 年）将其从南美带回欧洲，随后从欧洲经加勒比海传往北美。在明朝万历年间（1573—1620 年），番茄由欧洲传教士带入我国，最早在赵崡的《植品》（1617 年）中有记载，明代农学家王象晋所著的《群芳谱》（1621 年）中也提及"蕃柿"或"六月柿"。此外，还有番茄由西班牙人带入菲律宾，随后在东南亚传播的说法。在我国，直至清朝光绪年间（1875—1908 年），人们仍认为番茄"可玩不可食"，在 1949 年后番茄才得以大量种植和食用。经过半个多世纪的努力，我国番茄在产量、抗病、抗逆和周年生产供应方面取得了长足发展。然而，当下"番茄无味"的品质问题却广受诟病。番茄的品质主要取决于其营养及挥发性物质的组分和含量，而其改良受限主要与我国番茄基础研究薄弱和缺乏优良资源有关。我国番茄种质资源匮乏的主要原因是番茄在从起源地进入我国的传播过程中丧失了大量遗传多样性，加之现代育种的定向选择，使其遗传背景愈加狭窄。

为了解决这一问题，我们从北美引入番茄"传家宝"资源，因其遗传背景与我国的存在差异，对于我国番茄的品质改良具有极大的潜力。在本书中，作者对番茄起源和育种历史进行了简单回顾，并对源自北美（美国）的 156 份番茄种质资源的植物学特征和品质特性进行了详细研究和分析，同时进行了鉴定和提纯复壮。此外，还借助图片和翔实数据对每份"传家宝"资源植物学特征和品质特性加以刻画和描述，以期为番茄科研工作者、育种家和种植者提供有用信息。在本书的编写过程中，王玉婷、单雪萌、黄火凤、黎宇航、温腾健、唐莹、许佳琪和范明玉在植物学特征调查、品质分析数据整理和图片编辑过程中做了一些有益的工作，在此一并深表感谢！此外，因客观原因，PL27023496G1 和 PL27024163A1 的图片缺失，若造成阅读不便，作者深表歉意。

赵凌侠

2023 年 7 月 19 日于上海交通大学

目 录

绪 论

1.1　番茄在蔬菜供给和国民经济发展中的地位

番茄（*Solanum lycopersicum*）是全球重要的果蔬作物之一。联合国粮食及农业组织（Food and Agriculture Organization, FAO）于 2023 年 5 月的统计结果表明，2021 年全球番茄产量为 1.89 亿吨，产值约为 800 亿美元，我国当年番茄产量和产值约占全球的 1/3。

番茄的基因组小（约 890 Mb），便于分子和遗传学操作，常被用作模式植物来揭示遗传学（Chetelat et al., 2000; Tanksley, 2004）、进化生物学（Spooner et al., 2005; Moyle, 2008）、生殖生物学（Lerfrancois et al., 1993; Li et al., 2010; Bedinger et al., 2011）和组学（Yeats et al., 2010; Osorio et al., 2011; Sato et al., 2012; Lin et al., 2014; Shinozaki et al., 2018; Zhu et al., 2018; Gao et al., 2019）等领域的重大科学问题。作为浆果，番茄在解析遗传学、分子生物学、植物次生代谢、抗病和进化，特别是果实发育和品质形成机制时，拥有拟南芥（*Arabidopsis thaliana*）和水稻（*Oryza sativa*）无法比拟的优势（Giovannoni, 2006; Kole et al., 2007）。番茄在全球蔬菜供给、经济发展和科学研究中均占据着不可或缺的地位。研究发现，番茄含有约 400 种营养成分。其中，类胡萝卜素和花青素等重要活性物质除引诱食果动物传播种子及确保番茄植株和果实免遭光损伤等自然属性外，还与人类健康密切相关，具有去除人体内自由基、预防心脑血管疾病和前列腺癌等重大疾病发生的功能（Cohen et al., 2002; Tan et al., 2017）。

1.2　番茄起源、传播和育种

番茄起源于中、南美洲，野生种主要生长在安第斯山脉太平洋西海岸近秘鲁、智利狭长地带；同时在加拉帕戈斯群岛还发现有独立进化番茄野生种——契斯曼尼（*S. cheesmaniae*）和克梅留斯基（*S. chmielewskii*）小果野生番茄。在 10 000 年前的新石器时代，人类祖先便开始了对野生种的驯化，成功获得了至今仍作为人类食物供给的数以百计的农作物。栽培番茄则是从小果野生醋栗番茄（*S. pimpinellifolium*）经樱桃番茄（*S. lycopersicum* var. *cerasiforme*）驯化而来的（Lin et al., 2014）。

早在公元前 7000 年前，番茄便开始在中美被驯化，在约公元前 500 年在墨西哥被驯化。1520 年，埃尔南·科尔特斯将番茄（小果黄色）从美洲带回西班牙，并于 1550 年前后传到意大利，于 1575 年相继传到英国和中欧各国。起初，番茄因果实鲜艳而被认为有毒，被称为"狼桃"。彼时，番茄因具有漂亮的花序和鲜艳的果实，多被用作观赏植物。直至 18 世纪中叶，番茄开始作食用栽培，才逐渐为人们所接受，在欧洲大陆广泛种植。

随后，西班牙人将番茄带入其殖民地菲律宾，在东南亚广泛传播和种植，我国番茄有可能是由此途径传入的。也有史料记载我国番茄是欧洲传教士在明万历年间（1572—1620 年）带入我国，明代赵函所著《植品》（1617 年）和农学家王象晋所著《群芳谱》（1621 年）中均提及"蕃柿"或"六月柿"。北美番茄是从欧洲经加勒比海传入的，于 1710 年在英属北美殖民地种植。可见，北美番茄的传入途径有别于我国，导致番茄遗传背景与我国存在一定差异。

Alexander W. Livingston 是北美番茄科学育种第一人，其改良野生种、培育番茄新品种，还引入了知名番茄品种——"Paragon"和"Acme"。我国番茄栽培约有 100 年历史（沈德绪 等，1957），而真正意义上的番茄科学育种却始于 20 世纪 60 年代，我国培育出了数以百计的番茄品种，很大程度上促进了番茄产业的发展。然而，当前我国番茄品种依赖国外进口的局面仍很严峻。

近半个世纪以来，欧美发达国家番茄育种的目标主要集中在提高产量、抗病、抗逆、延长货架寿命和实现长距离运输等方面。目前，我国虽已实现了番茄的周年供应，但近年来"番茄无味"的品质问题广受诟病，已成为番茄产业亟须解决的问题，引起了番茄育种家和科学家的关注。在此情况下，次生代谢产物生物合成和品质形成分子机制基础研究就显得十分迫切，这将有助于番茄品质的精准靶向改良（Giovannoni, 2006; Zhu et al., 2018; Gao et al., 2019）。同时，目前番茄种质资源匮乏也是其品质改良的主要限制因素之一。

起源于南美的番茄在被带回欧洲并向全球传播的过程中，遗传多样性大量丧失，加之现代育种的定向选择，使其遗传背景日趋狭窄，种质资源日益匮乏（McClean et al., 1986; Tanksley et al., 1997）。因而番茄鼻祖查尔斯·瑞克（Charles Rick, 1915—2002 年）曾预言，仅靠欧洲番茄对番茄进行遗传改良是没有前途的，这也是导致近百年番茄遗传改良进展缓慢的主要原因。特别是我国并非番茄起源地，遗传改良情况堪忧，甚至缺乏必要的育种资源。

当下，番茄除用于厨房和加工（罐装、制酱和果汁）原料外，主要用于鲜食。全球鲜食番茄占番茄总产量的 76%，我国更是高达 95%，因而改良或提高鲜食番茄品质是目前番茄育种面临的最大课题之一。番茄品质改良有赖于优良种质资源作为物质基础和基础研究的重大突破，本书仅讨论番茄种质资源方面的问题。

1.3　番茄种质资源创新途径

种质资源（germplasm resource）是番茄有效进行遗传改良不可或缺的物质要素，而跨越现有资源范畴创制新种质是解决番茄资源匮乏的根本途径（Kole et al., 2008）。基于此，本书作者认为番茄种质创新可以考虑从挖掘、转育和创制 3 个层面入手。

1.3.1　"传家宝"种质资源挖掘

全球 75 000 份番茄种质资源分别保存于 120 个国家或地区，主要收藏于 11 个单位。其中，美国农业部（United States Department of Agriculture, USDA）收藏 10 612 份，且美国植物遗传资源研究室（Plant Genetic Resources Unit, PGRU）保存的 6 587 份中有大量番茄"传家宝"（heirloom）种质资源；亚洲蔬菜研究和发展中心（Asian Vegetable Research and Development Center, AVDRC）保存的 7 231 份主要来自亚洲各国；我国国家种质资源库仅收藏了 1 942 份。

"传家宝"［或"地方 / 农家品种"（landrace）］种质资源是指那些具有优良品质特征、尚未或很少被用于番茄育种程序的番茄材料。北美番茄"传家宝"种质资源因其传入路径与我国不同，其"传家宝"种质资源遗传背景也有别于我国，用其改良的我国番茄比现存于我国的"传家宝"更具遗传多样性。同时，通过系统分析和深入挖掘，有望获得新的育种资源或培育成新品种应用于生产。特别是番茄"传家宝"种质资源分类属于栽培种（*S. lycopersicum*），与番茄骨干亲本杂交易培育出符合当下消费习惯的番茄新品种，而不存在生殖障碍，也为其应用于番茄遗传改良提供了便利。然而，即便番茄

"传家宝"种质资源品质改良具有易于遗传操作（授粉）和见效快的特点，但因"传家宝"的栽培番茄属性，其遗传多样性与野生资源相较仍有一定的局限性。

1.3.2 野生种优良基因转育

栽培番茄遗传背景狭窄，而生长在南美洲安第斯山脉的番茄近缘野生种（共 16 种）却拥有丰富的遗传多样性和优良基因可供番茄遗传改良（Doganlar et al., 1997; Jia et al., 1997; Miller et al., 1990; Rick et al., 1995）。番茄是野生资源利用最成功的物种之一，近代番茄育种所取得的重大成就无一不与野生资源的利用有关（Tanksley et al., 1996; Labate et al., 2012），目前至少有 55 个优良基因从野生种成功转育到栽培番茄上。烟草花叶病毒（tobacco mosaic virus，TMV）抗性基因转育自秘鲁番茄（*S. peruvianum*）、多毛番茄（*S. habrochaites*）和智利番茄（*S. chilensev*）；根结线虫（Meloiologyne inognita）抗性基因源自秘鲁番茄（*S. peruvianum*）；镰刀菌枯萎病（Fusarium oxysporum）和叶霉病（Cladosporium fulvum）抗性基因源自醋栗番茄（*S. pimpinellifolium*）（赵凌侠等，2012）。

番茄遗传资源中心（Tomato Genetics Resource Center, TGRC）拥有全球最大的番茄野生资源库（1 153 份）、单基因突变体资源（1 050 份）和其他重要遗传资源（1 790 份，如重组近交系、单体外源添加系、种间杂交和渐渗系）。不过，番茄野生种与栽培番茄存在种间生殖隔离（Chalivendra et al., 2013; Bedinger et al., 2011; Li et al., 2010），特别是远缘杂交后代的"颠狂"分离和"连锁累赘"（linkage drag）难以去除等原因限制了番茄野生资源的利用（Lerfrancois et al., 1993; Chetelat et al., 1997; Rick, 1951）。因此，基于番茄交配系统的多样性——自交亲和性（self-compatibility, SC）和自交不亲和性（self-incompatibility, SI）的区别利用及生殖障碍机制解析是创造番茄新种质的重大科学课题（Li & Chetelat, 2010）。我们可以首先选用与栽培番茄完全无生殖障碍的SC 种［如醋栗番茄（*S. pimpinellifolium*）、小花番茄（*S. neorickii*）、契斯曼尼番茄（*S. cheesmaniae*）、克梅留斯基番茄（*S. chmielewskii*）、多腺番茄（*S. galapagense*）］及与栽培番茄有部分生殖障碍的潘那利番茄（*S. pennellii*）和多毛番茄（*S. habrochaites*）用于栽培番茄改良。

1.3.3 番茄突变体库——原创性种质创制

相对于"传家宝"种质资源挖掘和野生种优质基因转育，针对番茄基因组中约35 000 组基因进行化学［甲基磺酸乙酯（ethylmethane sulfonate, EMS）］或物理（^{60}Co）

诱变，是种质资源源头创新及解析番茄品质和重要性状形成分子机制的物质基础，更富有潜力和挖掘空间。用甲基磺酸乙酯、快中子（fast neutron, FN）和航天诱变（aerospace mutagenesis, AM）获得突变体，利用正向遗传学理论，从分子生物学、结构生物学和生物化学等方面解析功能基因，以揭示其在番茄表型，特别是品质形成中的调控机制，不仅可以提升我国番茄基础研究的水平，为番茄靶向精准育种和品质改良提供理论依据，也是解决我国番茄基础研究薄弱和品种缺乏自主知识产权问题的关键。

以色列和日本的研究小组分别用有限生型番茄（cv.M82）和小果番茄（cv.Micro-Tom）构建了番茄突变体库（Menda et al., 2004; Saito et al., 2011）。康奈尔大学与希伯来大学共享番茄突变体库。此外，美国还拥有全球最丰富的野生资源库和"传家宝"种质资源。因此，美国、以色列和日本的番茄基础研究水平处于全球领先地位。

番茄种质资源匮乏已严重限制了我国当下番茄遗传改良和基础研究，尽管我们可以从以色列和日本获取一些番茄突变体，而关键研究材料的匮乏使我们很难摆脱当前的研究困境。不过，从以色列和日本现有番茄突变体的数量来看，与番茄基因组的 35 000 条基因相比，其还远未饱和，仍有许多尚未揭示的基因功能和重要农艺性状形成的分子机制。基于此，我们用番茄骨干亲本（cv.P86）——一个红果无限生长型番茄，通过 EMS 诱变获得了库容为 16 000 个的 M2 家系突变体库，这对于丰富我国番茄遗传资源多样性、提升我国番茄基础研究水平、积累原始创新均具有重要意义。

1.4　国家重大需求

农产品（粮食和蔬菜）的供给安全是关系到国家社会和经济全局稳定性的重大战略问题，种子是确保农产品增产和把握农业发展命脉的核心要素。我国当下种业面临着前所未有的严峻挑战，主要有如下表现：① 对种质资源和基因资源的挖掘不够，原创性种质不足，具有重要利用价值的基因较少；② 基础研究相对薄弱，重要性状形成机制解析不够深入；③ 全基因组规模基因编辑等重大育种新技术创新不足；④ 农业全产业科技创新链条——种质资源、遗传育种、品种创制与测试、种子生产与加工等尚未形成。现代农作物育种技术在催生重大新品种创制和驱动农业生产方式转型中扮演着不可替代的角色，对确保我国农产品安全和提升种业国际竞争力均具有重大战略意义。

2021 年 7 月 9 日，中央全面深化改革委员会第二十次会议审议通过了《种业振兴行动方案》，习近平总书记强调："农业现代化，种子是基础，必须把民族种业搞上去，把种源安全提升到关系国家安全的战略高度，集中力量破难题、补短板、强优势、控风险，实现种业科技自立自强、种源自主可控。"

考虑到我国番茄种源匮乏的困境，从挖掘番茄"传家宝"种质资源、"远缘杂交"和构建"番茄突变体库"三个层面创制批量番茄新种质是解决我国番茄种源匮乏的有效途径。本书重点对引自北美的番茄"传家宝"种质资源进行鉴定、分析和提纯复壮，并对其从植物学特征、重要品质特性和田间生长状态等方面进行刻画，以期让这些"传家宝"种质资源在我国番茄育种和缓解种源匮乏方面发挥作用，为番茄育种家、科学家和生产者提供重要物质基础。

番茄"传家宝"种质资源植物学特征

本章主要通过田间种植，对番茄"传家宝"种质资源的植物学特征在第二段果成熟期进行观察和测量，并附各个番茄"传家宝"种质资源图表（见表2-1～表2-154，图2-1～图2-154），以直观反映其品种特征，使读者对本书所记述的番茄"传家宝"资源的植物学全貌有所了解，为其应用和选择提供依据。

表 2-1　P19753870A1 表型性状

表　型	特　征	表　型	数　值
生长型	有限生长	心室数 / 个	2.80 ± 0.75
茎叶茸毛	长密	单花序花数 / 个	7.40 ± 2.33
叶片着生状态	下垂	叶长 /cm	33.50 ± 2.07
叶片形状	羽状复叶	叶宽 /cm	39.80 ± 7.55
叶裂刻	中	果实横径 /mm	44.65 ± 4.48
花序类型	单式花序	果实纵径 /mm	49.55 ± 3.60
花柱长度	与雄蕊近等长	单果重 /g	58.08 ± 13.95
果形	高圆	果肉厚 /mm	5.36 ± 0.28
果顶形状	深凹	种子长 /mm	3.60 ± 0.38
果肩形状	平	种子宽 /mm	2.70 ± 0.24
果面棱沟	轻	种子厚 /mm	0.94 ± 0.14
果面茸毛	无	50 粒种子重 /mg	151.20 ± 0.03

注：① 表中"±"前的数值为平均值，"±"后的数值为标准差，后同。
② 表中叶片数据为该品种每株（取5株）最大叶片的长度与宽度的均值，后同。

图 2-1　P19753870A1

（a）植株；（b）叶片；（c）（g）花；（d）（e）（f）果实；（h）种子

表 2-2　P19809706G1 表型性状

表　型	特　征	表　型	数　值
生长型	无限生长	心室数 / 个	10.40 ± 2.87
茎叶茸毛	长密	单花序花数 / 个	8.00 ± 1.55
叶片着生状态	水平	叶长 /cm	41.94 ± 6.80
叶片形状	二回羽状复叶	叶宽 /cm	36.22 ± 6.59
叶裂刻	浅	果实横径 /mm	56.54 ± 7.92
花序类型	单式花序	果实纵径 /mm	35.04 ± 5.64
花柱长度	与雄蕊近等长	单果重 /g	67.86 ± 31.98
果形	扁平	果肉厚 /mm	4.27 ± 0.17
果顶形状	微凹	种子长 /mm	3.33 ± 0.33
果肩形状	深凹	种子宽 /mm	2.50 ± 0.30
果面棱沟	重	种子厚 /mm	1.32 ± 0.14
果面茸毛	中	50 粒种子重 /mg	133.6 ± 0.01

表 2-3　P19978275A1 表型性状

表　型	特　征	表　型	数　值
生长型	无限生长	心室数 / 个	3.80 ± 0.75
茎叶茸毛	长稀	单花序花数 / 个	8.00 ± 1.79
叶片着生状态	直立	叶长 /cm	45.46 ± 8.52
叶片形状	二回羽状复叶	叶宽 /cm	40.74 ± 8.14
叶裂刻	深	果实横径 /mm	49.50 ± 1.09
花序类型	双歧花序	果实纵径 /mm	38.19 ± 1.22
花柱长度	长于雄蕊	单果重 /g	58.40 ± 5.76
果形	扁圆	果肉厚 /mm	4.84 ± 0.56
果顶形状	微凹	种子长 /mm	3.71 ± 0.33
果肩形状	深凹	种子宽 /mm	2.75 ± 0.32
果面棱沟	轻	种子厚 /mm	1.18 ± 0.14
果面茸毛	密	50 粒种子重 /mg	175.80 ± 0.05

图 2-2　P19809706G1

（a）植株；（b）叶片；（c）（g）花；（d）（e）（f）果实；（h）种子

图 2-3　P19978275A1

（a）植株；（b）叶片；（c）（g）花；（d）（e）（f）果实；（h）种子

表 2-4　PL10983406G1 表型性状

表　型	特　征	表　型	数　值
生长型	无限生长	心室数 / 个	4.80 ± 0.40
茎叶茸毛	长稀	单花序花数 / 个	11.40 ± 1.85
叶片着生状态	直立	叶长 /cm	53.32 ± 4.10
叶片形状	二回羽状复叶	叶宽 /cm	46.20 ± 8.47
叶裂刻	浅	果实横径 /mm	54.17 ± 3.09
花序类型	双歧花序	果实纵径 /mm	41.14 ± 4.39
花柱长度	与雄蕊近等长	单果重 /g	80.98 ± 11.91
果形	扁圆	果肉厚 /mm	4.62 ± 0.42
果顶形状	圆平	种子长 /mm	3.11 ± 0.46
果肩形状	深凹	种子宽 /mm	2.70 ± 0.32
果面棱沟	轻	种子厚 /mm	1.14 ± 0.06
果面茸毛	无	50 粒种子重 /mg	143.10 ± 0.04

表 2-5　PL11756384A1 表型性状

表　型	特　征	表　型	数　值
生长型	无限生长	心室数 / 个	2.40 ± 0.49
茎叶茸毛	长密	单花序花数 / 个	8.20 ± 0.98
叶片着生状态	水平	叶长 /cm	50.66 ± 5.96
叶片形状	二回羽状复叶	叶宽 /cm	46.58 ± 1.97
叶裂刻	浅	果实横径 /mm	42.50 ± 4.58
花序类型	单式花序	果实纵径 /mm	40.22 ± 3.40
花柱长度	与雄蕊近等长	单果重 /g	54.72 ± 7.96
果形	圆形	果肉厚 /mm	5.44 ± 0.35
果顶形状	圆平	种子长 /mm	3.84 ± 0.10
果肩形状	微凹	种子宽 /mm	3.00 ± 0.06
果面棱沟	轻	种子厚 /mm	1.35 ± 0.06
果面茸毛	无	50 粒种子重 /mg	176.70 ± 0.01

图 2-4　PL10983406G1

（a）植株；（b）叶片；（c）（g）花；（d）（e）（f）果实；（h）种子

图2-5　PL11756384A1

（a）植株；（b）叶片；（c）（g）花；（d）（e）（f）果实；（h）种子

表 2-6　PL64751399G1 表型性状

表　型	特　征	表　型	数　值
生长型	无限生长	心室数 / 个	2.00 ± 0.00
茎叶茸毛	长密	单花序花数 / 个	9.20 ± 2.23
叶片着生状态	水平	叶长 /cm	38.24 ± 2.06
叶片形状	二回羽状复叶	叶宽 /cm	31.96 ± 6.14
叶裂刻	浅	果实横径 /mm	26.21 ± 1.61
花序类型	单式花序	果实纵径 /mm	43.23 ± 3.03
花柱长度	与雄蕊近等长	单果重 /g	14.74 ± 1.19
果形	梨形	果肉厚 /mm	2.49 ± 0.25
果顶形状	圆平	种子长 /mm	3.40 ± 0.30
果肩形状	平	种子宽 /mm	2.59 ± 0.19
果面棱沟	无	种子厚 /mm	1.11 ± 0.18
果面茸毛	中	50 粒种子重 /mg	100.60 ± 0.02

表 2-7　PL58445607G1 表型性状

表　型	特　征	表　型	数　值
生长型	有限生长	心室数 / 个	5.40 ± 0.80
茎叶茸毛	长密	单花序花数 / 个	7.00 ± 2.68
叶片着生状态	下垂	叶长 /cm	20.54 ± 1.51
叶片形状	羽状复叶	叶宽 /cm	12.74 ± 2.48
叶裂刻	无	果实横径 /mm	50.55 ± 8.55
花序类型	双歧花序	果实纵径 /mm	43.91 ± 10.90
花柱长度	与雄蕊近等长	单果重 /g	64.68 ± 23.86
果形	圆形	果肉厚 /mm	2.49 ± 0.25
果顶形状	圆平	种子长 /mm	4.17 ± 0.21
果肩形状	深凹	种子宽 /mm	2.98 ± 0.18
果面棱沟	轻	种子厚 /mm	1.02 ± 0.10
果面茸毛	密	50 粒种子重 /mg	165.60 ± 0.03

图2-6　PL64751399G1

（a）植株；（b）叶片；（c）（g）花；（d）（e）（f）果实；（h）种子

图 2-7　PL58445607G1

（a）植株；（b）叶片；（c）（g）花；（d）（e）（f）果实；（h）种子

表 2-8　PL11878306G1 表型性状

表　型	特　征	表　型	数　值
生长型	无限生长	心室数 / 个	10.00 ± 1.26
茎叶茸毛	长稀	单花序花数 / 个	8.20 ± 2.14
叶片着生状态	下垂	叶长 /cm	34.34 ± 6.12
叶片形状	二回羽状复叶	叶宽 /cm	32.04 ± 9.21
叶裂刻	中	果实横径 /mm	57.95 ± 3.68
花序类型	多歧花序	果实纵径 /mm	35.14 ± 2.30
花柱长度	长于雄蕊	单果重 /g	75.78 ± 17.48
果形	扁平	果肉厚 /mm	4.95 ± 0.82
果顶形状	圆平	种子长 /mm	3.22 ± 0.20
果肩形状	深凹	种子宽 /mm	2.73 ± 0.13
果面棱沟	重	种子厚 /mm	1.40 ± 0.09
果面茸毛	无	50 粒种子重 /mg	131.80 ± 0.06

表 2-9　PL12166206G1 表型性状

表　型	特　征	表　型	数　值
生长型	无限生长	心室数 / 个	9.60 ± 1.50
茎叶茸毛	短密	单花序花数 / 个	9.60 ± 3.61
叶片着生状态	水平	叶长 /cm	53.44 ± 9.63
叶片形状	二回羽状复叶	叶宽 /cm	45.10 ± 10.24
叶裂刻	浅	果实横径 /mm	59.88 ± 5.45
花序类型	双歧花序	果实纵径 /mm	40.33 ± 2.07
花柱长度	长于雄蕊	单果重 /g	102.86 ± 18.23
果形	扁圆	果肉厚 /mm	5.18 ± 0.66
果顶形状	微凹	种子长 /mm	3.78 ± 0.16
果肩形状	深凹	种子宽 /mm	2.66 ± 0.28
果面棱沟	中	种子厚 /mm	1.07 ± 0.08
果面茸毛	稀	50 粒种子重 /mg	122.50 ± 0.01

图 2-8　PL11878306G1

（a）植株；（b）叶片；（c）（g）花；（d）（e）（f）果实；（h）种子

图2-9　PL12166206G1

(a)植株；(b)叶片；(c)(g)花；(d)(e)(f)果实；(h)种子

表 2-10 PL12403596G1 表型性状

表 型	特 征	表 型	数 值
生长型	无限生长	心室数 / 个	9.40 ± 1.02
茎叶茸毛	长稀	单花序花数 / 个	8.60 ± 2.24
叶片着生状态	水平	叶长 /cm	40.82 ± 3.56
叶片形状	二回羽状复叶	叶宽 /cm	39.32 ± 8.24
叶裂刻	中	果实横径 /mm	61.58 ± 1.80
花序类型	多歧花序	果实纵径 /mm	43.02 ± 2.51
花柱长度	长于雄蕊	单果重 /g	100.72 ± 13.80
果形	扁平	果肉厚 /mm	6.00 ± 0.61
果顶形状	圆平	种子长 /mm	3.38 ± 0.39
果肩形状	平	种子宽 /mm	2.62 ± 0.39
果面棱沟	重	种子厚 /mm	0.93 ± 0.12
果面茸毛	无	50 粒种子重 /mg	153.30 ± 0.05

表 2-11 PL12403787G1 表型性状

表 型	特 征	表 型	数 值
生长型	无限生长	心室数 / 个	5.60 ± 1.20
茎叶茸毛	长密	单花序花数 / 个	7.40 ± 0.49
叶片着生状态	水平	叶长 /cm	48.04 ± 8.71
叶片形状	二回羽状复叶	叶宽 /cm	47.80 ± 6.85
叶裂刻	深	果实横径 /mm	66.59 ± 6.25
花序类型	单式花序	果实纵径 /mm	47.48 ± 3.79
花柱长度	与雄蕊近等长	单果重 /g	135.64 ± 41.63
果形	扁平	果肉厚 /mm	6.47 ± 0.57
果顶形状	圆平	种子长 /mm	3.85 ± 0.35
果肩形状	平	种子宽 /mm	3.20 ± 0.25
果面棱沟	重	种子厚 /mm	1.26 ± 0.17
果面茸毛	无	50 粒种子重 /mg	170.80 ± 0.04

图 2-10　PL12403596G1

（a）植株；（b）叶片；（c）（g）花；（d）（e）（f）果实；（h）种子

图 2-11 PL12403787G1

（a）植株；（b）叶片；（c）（g）花；（d）（e）（f）果实；（h）种子

表 2-12　PL12583106G1 表型性状

表　型	特　征	表　型	数　值
生长型	无限生长	心室数 / 个	8.20 ± 1.72
茎叶茸毛	长稀	单花序花数 / 个	7.00 ± 2.19
叶片着生状态	水平	叶长 /cm	52.32 ± 4.42
叶片形状	二回羽状复叶	叶宽 /cm	47.14 ± 5.65
叶裂刻	中	果实横径 /mm	52.11 ± 5.75
花序类型	多歧花序	果实纵径 /mm	35.58 ± 3.21
花柱长度	长于雄蕊	单果重 /g	60.46 ± 13.6
果形	扁圆	果肉厚 /mm	4.87 ± 0.69
果顶形状	凸尖	种子长 /mm	3.80 ± 0.24
果肩形状	微凹	种子宽 /mm	2.55 ± 0.35
果面棱沟	中	种子厚 /mm	1.10 ± 0.13
果面茸毛	稀	50 粒种子重 /mg	135.10 ± 0.02

表 2-13　PL12782008G1 表型性状

表　型	特　征	表　型	数　值
生长型	无限生长	心室数 / 个	2.80 ± 0.75
茎叶茸毛	长稀	单花序花数 / 个	7.40 ± 2.58
叶片着生状态	水平	叶长 /cm	46.60 ± 3.44
叶片形状	二回羽状复叶	叶宽 /cm	39.12 ± 5.03
叶裂刻	中	果实横径 /mm	28.51 ± 1.58
花序类型	多歧花序	果实纵径 /mm	26.86 ± 1.22
花柱长度	与雄蕊近等长	单果重 /g	13.06 ± 1.06
果形	圆形	果肉厚 /mm	2.42 ± 0.23
果顶形状	微凹	种子长 /mm	3.55 ± 0.26
果肩形状	深凹	种子宽 /mm	2.88 ± 0.19
果面棱沟	中	种子厚 /mm	1.26 ± 0.10
果面茸毛	无	50 粒种子重 /mg	122.30 ± 0.01

图 2-12　PL12583106G1

（a）植株；（b）叶片；（c）（g）花；（d）（e）（f）果实；（h）种子

图2-13　PL12782008G1
（a）植株；（b）叶片；（c）（g）花；（d）（e）（f）果实；（h）种子

表 2-14　PL12782508G1 表型性状

表　型	特　征	表　型	数　值
生长型	有限生长	心室数 / 个	3.40 ± 1.02
茎叶茸毛	长密	单花序花数 / 个	8.20 ± 2.40
叶片着生状态	水平	叶长 /cm	38.70 ± 8.14
叶片形状	二回羽状复叶	叶宽 /cm	36.70 ± 8.89
叶裂刻	中	果实横径 /mm	39.49 ± 2.96
花序类型	单式花序	果实纵径 /mm	30.82 ± 1.39
花柱长度	与雄蕊近等长	单果重 /g	28.52 ± 4.31
果形	扁圆	果肉厚 /mm	4.21 ± 0.12
果顶形状	微凹	种子长 /mm	3.59 ± 0.16
果肩形状	微凹	种子宽 /mm	2.84 ± 0.21
果面棱沟	中	种子厚 /mm	1.11 ± 0.10
果面茸毛	稀	50 粒种子重 /mg	125.80 ± 0.03

表 2-15　PL12858695G1 表型性状

表　型	特　征	表　型	数　值
生长型	无限生长	心室数 / 个	3.60 ± 0.49
茎叶茸毛	短密	单花序花数 / 个	8.60 ± 3.88
叶片着生状态	水平	叶长 /cm	46.10 ± 8.15
叶片形状	二回羽状复叶	叶宽 /cm	37.10 ± 9.14
叶裂刻	中	果实横径 /mm	36.05 ± 4.44
花序类型	双歧花序	果实纵径 /mm	32.21 ± 2.23
花柱长度	与雄蕊近等长	单果重 /g	24.38 ± 5.82
果形	圆形	果肉厚 /mm	4.63 ± 0.74
果顶形状	圆平	种子长 /mm	3.32 ± 0.14
果肩形状	微凹	种子宽 /mm	2.66 ± 0.19
果面棱沟	无	种子厚 /mm	1.26 ± 0.18
果面茸毛	稀	50 粒种子重 /mg	130.20 ± 0.06

图2-14　PL12782508G1

（a）植株；（b）叶片；（c）（g）花；（d）（e）（f）果实；（h）种子

图 2-15 PL12858695G1

(a)植株;(b)叶片;(c)(g)花;(d)(e)(f)果实;(h)种子

表 2-16　PL12859208G1 表型性状

表　型	特　征	表　型	数　值
生长型	无限生长	心室数 / 个	7.60 ± 1.02
茎叶茸毛	长稀	单花序花数 / 个	6.80 ± 1.72
叶片着生状态	直立	叶长 /cm	45.84 ± 6.55
叶片形状	二回羽状复叶	叶宽 /cm	35.62 ± 6.99
叶裂刻	深	果实横径 /mm	68.71 ± 5.80
花序类型	单式花序	果实纵径 /mm	46.13 ± 4.47
花柱长度	与雄蕊近等长	单果重 /g	158.12 ± 24.91
果形	扁平	果肉厚 /mm	5.32 ± 0.58
果顶形状	圆平	种子长 /mm	3.37 ± 0.11
果肩形状	深凹	种子宽 /mm	3.00 ± 0.34
果面棱沟	中	种子厚 /mm	1.30 ± 0.07
果面茸毛	稀	50 粒种子重 /mg	158.80 ± 0.04

表 2-17　PL12902608G1 表型性状

表　型	特　征	表　型	数　值
生长型	无限生长	心室数 / 个	11.40 ± 0.80
茎叶茸毛	短密	单花序花数 / 个	7.40 ± 1.62
叶片着生状态	水平	叶长 /cm	40.04 ± 5.73
叶片形状	二回羽状复叶	叶宽 /cm	40.08 ± 5.28
叶裂刻	浅	果实横径 /mm	52.34 ± 9.82
花序类型	多歧花序	果实纵径 /mm	28.25 ± 4.49
花柱长度	与雄蕊近等长	单果重 /g	42.74 ± 16.53
果形	扁平	果肉厚 /mm	2.98 ± 0.28
果顶形状	微凹	种子长 /mm	3.56 ± 0.23
果肩形状	深凹	种子宽 /mm	3.08 ± 0.33
果面棱沟	重	种子厚 /mm	1.22 ± 0.17
果面茸毛	无	50 粒种子重 /mg	148.80 ± 0.01

图 2-16　PL12859208G1

（a）植株；（b）叶片；（c）（g）花；（d）（e）（f）果实；（h）种子

图 2-17　PL12902608G1

（a）植株；（b）叶片；（c）（g）花；（d）（e）（f）果实；（h）种子

表 2-18　PL12903308G1 表型性状

表　型	特　征	表　型	数　值
生长型	无限生长	心室数 / 个	12.60 ± 1.96
茎叶茸毛	短密	单花序花数 / 个	11.80 ± 6.49
叶片着生状态	水平	叶长 /cm	40.00 ± 2.09
叶片形状	二回羽状复叶	叶宽 /cm	38.18 ± 4.16
叶裂刻	中	果实横径 /mm	47.56 ± 7.17
花序类型	多歧花序	果实纵径 /mm	32.56 ± 3.67
花柱长度	长于雄蕊	单果重 /g	40.94 ± 9.58
果形	扁平	果肉厚 /mm	3.60 ± 0.22
果顶形状	深凹	种子长 /mm	3.67 ± 0.28
果肩形状	深凹	种子宽 /mm	2.63 ± 0.23
果面棱沟	重	种子厚 /mm	1.19 ± 0.13
果面茸毛	稀	50 粒种子重 /mg	120.10 ± 0.02

表 2-19　PL12908408G1 表型性状

表　型	特　征	表　型	数　值
生长型	无限生长	心室数 / 个	13.8 ± 5.64
茎叶茸毛	长稀	单花序花数 / 个	11.20 ± 3.49
叶片着生状态	水平	叶长 /cm	39.84 ± 2.32
叶片形状	二回羽状复叶	叶宽 /cm	36.80 ± 5.50
叶裂刻	中	果实横径 /mm	61.90 ± 22.29
花序类型	多歧花序	果实纵径 /mm	40.35 ± 8.46
花柱长度	与雄蕊近等长	单果重 /g	122.88 ± 97.43
果形	扁平	果肉厚 /mm	5.13 ± 0.36
果顶形状	深凹	种子长 /mm	3.64 ± 0.23
果肩形状	深凹	种子宽 /mm	2.80 ± 0.35
果面棱沟	重	种子厚 /mm	1.10 ± 0.08
果面茸毛	无	50 粒种子重 /mg	155.50 ± 0.05

图 2-18　PL12903308G1

（a）植株；（b）叶片；（c）（g）花；（d）（e）（f）果实；（h）种子

图 2-19　PL12908408G1
（a）植株；（b）叶片；（c）（g）花；（d）（e）（f）果实；（h）种子

表 2-20 PL12912806G1 表型性状

表　型	特　征	表　型	数　值
生长型	无限生长	心室数 / 个	4.80 ± 1.94
茎叶茸毛	长稀	单花序花数 / 个	7.40 ± 2.06
叶片着生状态	直立	叶长 /cm	38.32 ± 6.80
叶片形状	二回羽状复叶	叶宽 /cm	32.92 ± 5.52
叶裂刻	浅	果实横径 /mm	45.85 ± 6.15
花序类型	单式花序	果实纵径 /mm	39.04 ± 2.20
花柱长度	与雄蕊近等长	单果重 /g	46.00 ± 14.86
果形	圆形	果肉厚 /mm	4.44 ± 0.65
果顶形状	圆平	种子长 /mm	3.80 ± 0.29
果肩形状	微凹	种子宽 /mm	2.92 ± 0.08
果面棱沟	无	种子厚 /mm	1.27 ± 0.12
果面茸毛	稀	50 粒种子重 /mg	162.70 ± 0.04

表 2-21 PL12914208G1 表型性状

表　型	特　征	表　型	数　值
生长型	无限生长	心室数 / 个	4.60 ± 0.80
茎叶茸毛	长密	单花序花数 / 个	5.20 ± 0.75
叶片着生状态	直立	叶长 /cm	36.84 ± 4.30
叶片形状	羽状复叶	叶宽 /cm	33.20 ± 5.55
叶裂刻	中	果实横径 /mm	33.96 ± 1.14
花序类型	单式花序	果实纵径 /mm	29.16 ± 1.75
花柱长度	长于雄蕊	单果重 /g	20.06 ± 0.78
果形	圆形	果肉厚 /mm	2.98 ± 0.09
果顶形状	微凹	种子长 /mm	4.03 ± 0.32
果肩形状	微凹	种子宽 /mm	2.80 ± 0.12
果面棱沟	轻	种子厚 /mm	1.16 ± 0.20
果面茸毛	密	50 粒种子重 /mg	148.90 ± 0.01

图 2-20 PL12912806G1

（a）植株；（b）叶片；（c）（g）花；（d）（e）（f）果实；（h）种子

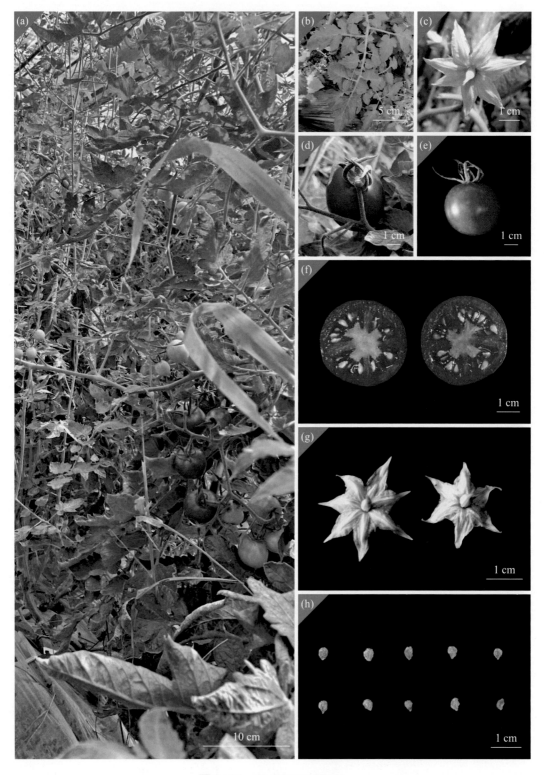

图 2-21　PL12914208G1
（a）植株；（b）叶片；（c）（g）花；（d）（e）（f）果实；（h）种子

表 2-22　PL15537208G1 表型性状

表　型	特　征	表　型	数　值
生长型	无限生长	心室数 / 个	4.00 ± 1.10
茎叶茸毛	长稀	单花序花数 / 个	7.00 ± 0.89
叶片着生状态	水平	叶长 /cm	30.58 ± 4.09
叶片形状	二回羽状复叶	叶宽 /cm	24.62 ± 5.55
叶裂刻	中	果实横径 /mm	36.74 ± 3.98
花序类型	双歧花序	果实纵径 /mm	32.95 ± 3.28
花柱长度	与雄蕊近等长	单果重 /g	26.64 ± 6.33
果形	圆形	果肉厚 /mm	4.20 ± 0.93
果顶形状	微凹	种子长 /mm	3.38 ± 0.23
果肩形状	微凹	种子宽 /mm	2.58 ± 0.08
果面棱沟	无	种子厚 /mm	0.98 ± 0.08
果面茸毛	稀	50 粒种子重 /mg	109.10 ± 0.03

表 2-23　PL15799368A1 表型性状

表　型	特　征	表　型	数　值
生长型	无限生长	心室数 / 个	7.20 ± 1.94
茎叶茸毛	长稀	单花序花数 / 个	7.60 ± 1.02
叶片着生状态	直立	叶长 /cm	40.30 ± 2.67
叶片形状	二回羽状复叶	叶宽 /cm	34.64 ± 4.81
叶裂刻	浅	果实横径 /mm	56.71 ± 3.50
花序类型	双歧花序	果实纵径 /mm	43.65 ± 2.80
花柱长度	与雄蕊近等长	单果重 /g	89.58 ± 12.09
果形	扁平	果肉厚 /mm	5.16 ± 0.49
果顶形状	圆平	种子长 /mm	3.27 ± 0.21
果肩形状	深凹	种子宽 /mm	2.65 ± 0.21
果面棱沟	中	种子厚 /mm	1.12 ± 0.15
果面茸毛	无	50 粒种子重 /mg	128.60 ± 0.02

图 2-22　PL15537208G1
（a）植株；（b）叶片；（c）（g）花；（d）（e）（f）果实；（h）种子

图 2-23　PL15799368A1
(a)植株;(b)叶片;(c)(g)花;(d)(e)(f)果实;(h)种子

表 2-24　PL15876006G1 表型性状

表　型	特　征	表　型	数　值
生长型	无限生长	心室数 / 个	7.60 ± 2.80
茎叶茸毛	长稀	单花序花数 / 个	5.60 ± 0.80
叶片着生状态	水平	叶长 /cm	45.00 ± 9.10
叶片形状	二回羽状复叶	叶宽 /cm	42.86 ± 7.46
叶裂刻	中	果实横径 /mm	61.55 ± 5.19
花序类型	单式花序	果实纵径 /mm	47.04 ± 4.65
花柱长度	与雄蕊近等长	单果重 /g	107.16 ± 23.46
果形	扁圆	果肉厚 /mm	3.52 ± 0.57
果顶形状	微凹	种子长 /mm	3.66 ± 0.32
果肩形状	深凹	种子宽 /mm	3.20 ± 0.21
果面棱沟	轻	种子厚 /mm	1.04 ± 0.07
果面茸毛	无	50 粒种子重 /mg	155.30 ± 0.03

表 2-25　PL15900970A1 表型性状

表　型	特　征	表　型	数　值
生长型	无限生长	心室数 / 个	5.20 ± 2.48
茎叶茸毛	短密	单花序花数 / 个	6.00 ± 1.67
叶片着生状态	水平	叶长 /cm	40.64 ± 5.79
叶片形状	二回羽状复叶	叶宽 /cm	29.46 ± 4.82
叶裂刻	中	果实横径 /mm	53.08 ± 4.80
花序类型	双歧花序	果实纵径 /mm	50.00 ± 2.09
花柱长度	与雄蕊近等长	单果重 /g	80.20 ± 18.27
果形	扁平	果肉厚 /mm	5.89 ± 0.77
果顶形状	圆平	种子长 /mm	3.59 ± 0.25
果肩形状	深凹	种子宽 /mm	2.90 ± 0.29
果面棱沟	轻	种子厚 /mm	1.11 ± 0.11
果面茸毛	无	50 粒种子重 /mg	160.30 ± 0.04

图 2-24 PL15876006G1

(a)植株；(b)叶片；(c)(g)花；(d)(e)(f)果实；(h)种子

图 2-25　PL15900970A1

（a）植株；（b）叶片；（c）（g）花；（d）（e）（f）果实；（h）种子

表 2-26　PL15919806G1 表型性状

表　型	特　征	表　型	数　值
生长型	无限生长	心室数 / 个	5.40 ± 1.02
茎叶茸毛	短密	单花序花数 / 个	6.20 ± 0.75
叶片着生状态	水平	叶长 /cm	39.36 ± 5.50
叶片形状	二回羽状复叶	叶宽 /cm	33.98 ± 7.53
叶裂刻	中	果实横径 /mm	52.96 ± 4.62
花序类型	多歧花序	果实纵径 /mm	44.79 ± 3.90
花柱长度	与雄蕊近等长	单果重 /g	79.74 ± 15.47
果形	扁圆	果肉厚 /mm	6.31 ± 0.52
果顶形状	圆平	种子长 /mm	4.03 ± 0.24
果肩形状	深凹	种子宽 /mm	2.59 ± 0.23
果面棱沟	轻	种子厚 /mm	1.20 ± 0.02
果面茸毛	稀	50 粒种子重 /mg	159.60 ± 0.02

表 2-27　PL19629700G1 表型性状

表　型	特　征	表　型	数　值
生长型	无限生长	心室数 / 个	11.60 ± 2.94
茎叶茸毛	短稀	单花序花数 / 个	9.80 ± 1.47
叶片着生状态	直立	叶长 /cm	44.64 ± 3.74
叶片形状	二回羽状复叶	叶宽 /cm	42.72 ± 7.55
叶裂刻	中	果实横径 /mm	58.41 ± 6.23
花序类型	多歧花序	果实纵径 /mm	43.58 ± 5.59
花柱长度	长于雄蕊	单果重 /g	73.42 ± 25.77
果形	扁圆	果肉厚 /mm	4.41 ± 0.60
果顶形状	微凸	种子长 /mm	3.74 ± 0.41
果肩形状	深凹	种子宽 /mm	3.18 ± 0.24
果面棱沟	重	种子厚 /mm	1.21 ± 0.18
果面茸毛	无	50 粒种子重 /mg	152.50 ± 0.01

图 2-26　PL15919806G1

（a）植株；（b）叶片；（c）（g）花；（d）（e）（f）果实；（h）种子

图 2-27　PL19629700G1

（a）植株；（b）叶片；（c）（g）花；（d）（e）（f）果实；（h）种子

表 2-28　PL21206269A1 表型性状

表　型	特　征	表　型	数　值
生长型	有限生长	心室数 / 个	7.20 ± 0.75
茎叶茸毛	长稀	单花序花数 / 个	6.80 ± 1.17
叶片着生状态	下垂	叶长 /cm	49.06 ± 4.75
叶片形状	二回羽状复叶	叶宽 /cm	46.64 ± 11.08
叶裂刻	中	果实横径 /mm	51.87 ± 3.15
花序类型	单式花序	果实纵径 /mm	42.19 ± 2.30
花柱长度	与雄蕊近等长	单果重 /g	71.52 ± 7.70
果形	扁圆	果肉厚 /mm	5.30 ± 0.72
果顶形状	圆平	种子长 /mm	3.38 ± 0.13
果肩形状	深凹	种子宽 /mm	2.80 ± 0.09
果面棱沟	轻	种子厚 /mm	1.23 ± 0.04
果面茸毛	中	50 粒种子重 /mg	133.70 ± 0.02

表 2-29　PL25847407G1 表型性状

表　型	特　征	表　型	数　值
生长型	无限生长	心室数 / 个	8.60 ± 1.85
茎叶茸毛	短密	单花序花数 / 个	13.80 ± 5.64
叶片着生状态	水平	叶长 /cm	42.94 ± 8.61
叶片形状	二回羽状复叶	叶宽 /cm	33.80 ± 8.00
叶裂刻	深	果实横径 /mm	53.23 ± 3.88
花序类型	多歧花序	果实纵径 /mm	40.36 ± 3.15
花柱长度	与雄蕊近等长	单果重 /g	61.50 ± 5.15
果形	扁圆	果肉厚 /mm	4.46 ± 0.95
果顶形状	深凹	种子长 /mm	3.43 ± 0.24
果肩形状	深凹	种子宽 /mm	2.85 ± 0.25
果面棱沟	中	种子厚 /mm	1.35 ± 0.14
果面茸毛	稀	50 粒种子重 /mg	194.80 ± 0.04

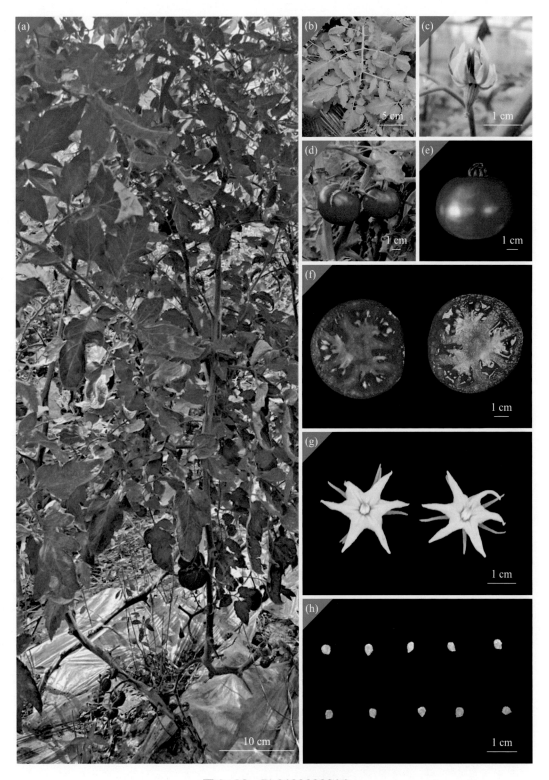

图 2-28　PL21206269A1

（a）植株；（b）叶片；（c）（g）花；（d）（e）（f）果实；（h）种子

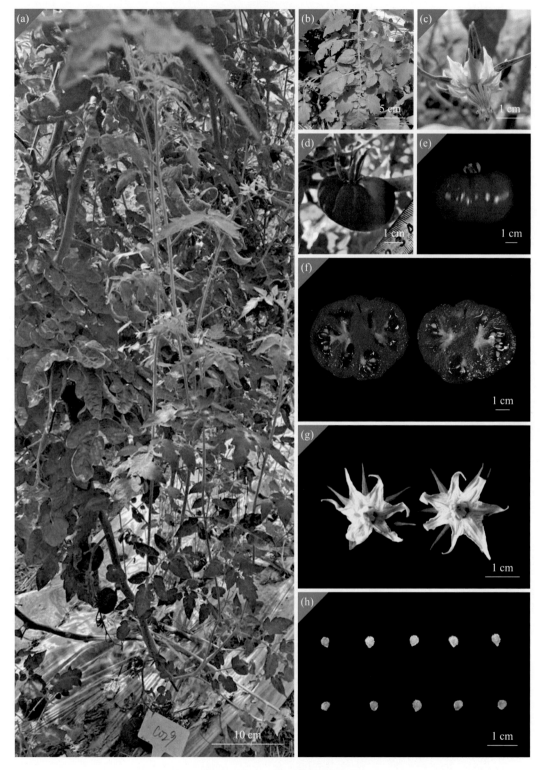

图 2-29 PL25847407G1

（a）植株；（b）叶片；（c）（g）花；（d）（e）（f）果实；（h）种子

表 2-30　PL25847806G1 表型性状

表　型	特　征	表　型	数　值
生长型	无限生长	心室数 / 个	11.20 ± 0.75
茎叶茸毛	长密	单花序花数 / 个	11.00 ± 2.28
叶片着生状态	水平	叶长 /cm	38.14 ± 2.96
叶片形状	羽状复叶	叶宽 /cm	33.52 ± 3.01
叶裂刻	浅	果实横径 /mm	41.97 ± 3.49
花序类型	多歧花序	果实纵径 /mm	26.01 ± 1.66
花柱长度	长于雄蕊	单果重 /g	29.70 ± 5.74
果形	扁平	果肉厚 /mm	3.57 ± 1.07
果顶形状	微凹	种子长 /mm	3.92 ± 0.36
果肩形状	微凹	种子宽 /mm	2.88 ± 0.26
果面棱沟	重	种子厚 /mm	1.12 ± 0.14
果面茸毛	中	50 粒种子重 /mg	149.10 ± 0.02

表 2-31　PL26299507G1 表型性状

表　型	特　征	表　型	数　值
生长型	无限生长	心室数 / 个	2.40 ± 0.49
茎叶茸毛	短密	单花序花数 / 个	10.00 ± 0.63
叶片着生状态	直立	叶长 /cm	42.12 ± 9.91
叶片形状	二回羽状复叶	叶宽 /cm	32.38 ± 10.71
叶裂刻	浅	果实横径 /mm	44.96 ± 3.48
花序类型	单式花序	果实纵径 /mm	43.37 ± 2.35
花柱长度	与雄蕊近等长	单果重 /g	50.30 ± 8.03
果形	圆形	果肉厚 /mm	6.50 ± 1.04
果顶形状	圆平	种子长 /mm	3.69 ± 0.20
果肩形状	微凹	种子宽 /mm	2.82 ± 0.11
果面棱沟	无	种子厚 /mm	0.89 ± 0.03
果面茸毛	稀	50 粒种子重 /mg	127.20 ± 0.03

图 2-30 PL25847806G1

（a）植株；（b）叶片；（c）（g）花；（d）（e）（f）果实；（h）种子

图 2-31 PL26299507G1

(a)植株；(b)叶片；(c)(g)花；(d)(e)(f)果实；(h)种子

表 2-32　PL26810772A1 表型性状

表　型	特　征	表　型	数　值
生长型	有限生长	心室数 / 个	5.40 ± 2.06
茎叶茸毛	短稀	单花序花数 / 个	7.80 ± 0.98
叶片着生状态	直立	叶长 /cm	57.86 ± 4.37
叶片形状	二回羽状复叶	叶宽 /cm	53.46 ± 6.66
叶裂刻	中	果实横径 /mm	61.41 ± 6.41
花序类型	单花	果实纵径 /mm	57.30 ± 4.74
花柱长度	短于雄蕊	单果重 /g	120.94 ± 32.90
果形	圆形	果肉厚 /mm	6.16 ± 0.81
果顶形状	圆平	种子长 /mm	3.66 ± 0.31
果肩形状	微凹	种子宽 /mm	2.94 ± 0.22
果面棱沟	轻	种子厚 /mm	1.13 ± 0.10
果面茸毛	中	50 粒种子重 /mg	157.40 ± 0.05

表 2-33　PL27020606G1 表型性状

表　型	特　征	表　型	数　值
生长型	无限生长	心室数 / 个	8.33 ± 4.03
茎叶茸毛	短密	单花序花数 / 个	6.60 ± 3.01
叶片着生状态	水平	叶长 /cm	39.08 ± 12.26
叶片形状	二回羽状复叶	叶宽 /cm	31.10 ± 14.93
叶裂刻	深	果实横径 /mm	59.48 ± 12.53
花序类型	双歧花序	果实纵径 /mm	47.81 ± 6.96
花柱长度	长于雄蕊	单果重 /g	104.13 ± 68.61
果形	扁圆	果肉厚 /mm	5.27 ± 1.01
果顶形状	圆平	种子长 /mm	3.53 ± 0.40
果肩形状	深凹	种子宽 /mm	2.33 ± 0.31
果面棱沟	轻	种子厚 /mm	1.04 ± 0.21
果面茸毛	中	50 粒种子重 /mg	154.20 ± 0.01

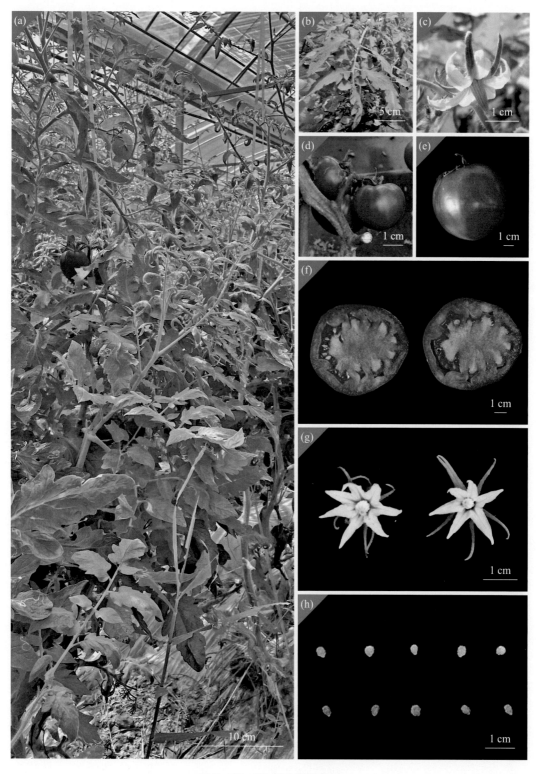

图 2-32　PL26810772A1

（a）植株；（b）叶片；（c）（g）花；（d）（e）（f）果实；（h）种子

图 2-33　PL27020606G1

（a）植株；（b）叶片；（c）（g）花；（d）（e）（f）果实；（h）种子

表 2-34　PL27040861A1 表型性状

表　型	特　征	表　型	数　值
生长型	无限生长	心室数 / 个	3.20 ± 0.40
茎叶茸毛	短密	单花序花数 / 个	7.40 ± 1.02
叶片着生状态	水平	叶长 /cm	48.38 ± 4.79
叶片形状	二回羽状复叶	叶宽 /cm	33.74 ± 4.31
叶裂刻	浅	果实横径 /mm	29.61 ± 5.78
花序类型	单式花序	果实纵径 /mm	24.66 ± 4.41
花柱长度	与雄蕊近等长	单果重 /g	14.1 ± 6.73
果形	扁圆	果肉厚 /mm	2.85 ± 0.48
果顶形状	圆平	种子长 /mm	3.28 ± 0.16
果肩形状	微凹	种子宽 /mm	2.57 ± 0.17
果面棱沟	轻	种子厚 /mm	1.21 ± 0.20
果面茸毛	中	50 粒种子重 /mg	141.10 ± 0.04

表 2-35　PL27043096G1 表型性状

表　型	特　征	表　型	数　值
生长型	无限生长	心室数 / 个	9.40 ± 1.36
茎叶茸毛	长密	单花序花数 / 个	5.60 ± 1.62
叶片着生状态	下垂	叶长 /cm	48.90 ± 3.64
叶片形状	二回羽状复叶	叶宽 /cm	41.48 ± 5.90
叶裂刻	中	果实横径 /mm	40.41 ± 1.72
花序类型	单式花序	果实纵径 /mm	25.21 ± 1.00
花柱长度	长于雄蕊	单果重 /g	24.44 ± 2.73
果形	扁圆	果肉厚 /mm	4.21 ± 0.52
果顶形状	微凹	种子长 /mm	3.90 ± 0.20
果肩形状	深凹	种子宽 /mm	2.93 ± 0.16
果面棱沟	重	种子厚 /mm	1.41 ± 0.15
果面茸毛	稀	50 粒种子重 /mg	176.70 ± 0.02

图 2-34　PL27040861A1

（a）植株；（b）叶片；（c）（g）花；（d）（e）（f）果实；（h）种子

图 2-35　PL27043096G1

（a）植株；（b）叶片；（c）（g）花；（d）（e）（f）果实；（h）种子

表 2-36　PL27270306G1 表型性状

表　型	特　征	表　型	数　值
生长型	无限生长	心室数 / 个	4.20 ± 0.75
茎叶茸毛	长稀	单花序花数 / 个	5.20 ± 0.40
叶片着生状态	下垂	叶长 /cm	36.56 ± 4.19
叶片形状	二回羽状复叶	叶宽 /cm	33.22 ± 4.15
叶裂刻	浅	果实横径 /mm	39.58 ± 3.49
花序类型	双歧花序	果实纵径 /mm	33.11 ± 3.73
花柱长度	长于雄蕊	单果重 /g	31.54 ± 8.68
果形	圆形	果肉厚 /mm	6.03 ± 1.18
果顶形状	圆平	种子长 /mm	3.66 ± 0.16
果肩形状	微凹	种子宽 /mm	3.13 ± 0.18
果面棱沟	无	种子厚 /mm	1.26 ± 0.18
果面茸毛	无	50 粒种子重 /mg	162.70 ± 0.02

表 2-37　PL28155506G1 表型性状

表　型	特　征	表　型	数　值
生长型	无限生长	心室数 / 个	10.20 ± 2.14
茎叶茸毛	长密	单花序花数 / 个	5.60 ± 1.36
叶片着生状态	下垂	叶长 /cm	43.04 ± 3.39
叶片形状	二回羽状复叶	叶宽 /cm	36.84 ± 3.27
叶裂刻	浅	果实横径 /mm	65.98 ± 5.53
花序类型	单式花序	果实纵径 /mm	53.53 ± 5.40
花柱长度	长于雄蕊	单果重 /g	135.12 ± 36.07
果形	扁圆	果肉厚 /mm	6.28 ± 0.92
果顶形状	微凹	种子长 /mm	4.14 ± 0.22
果肩形状	深凹	种子宽 /mm	3.40 ± 0.32
果面棱沟	轻	种子厚 /mm	1.31 ± 0.11
果面茸毛	稀	50 粒种子重 /mg	181.20 ± 0.03

图 2-36 PL27270306G1
(a)植株;(b)叶片;(c)(g)花;(d)(e)(f)果实;(h)种子

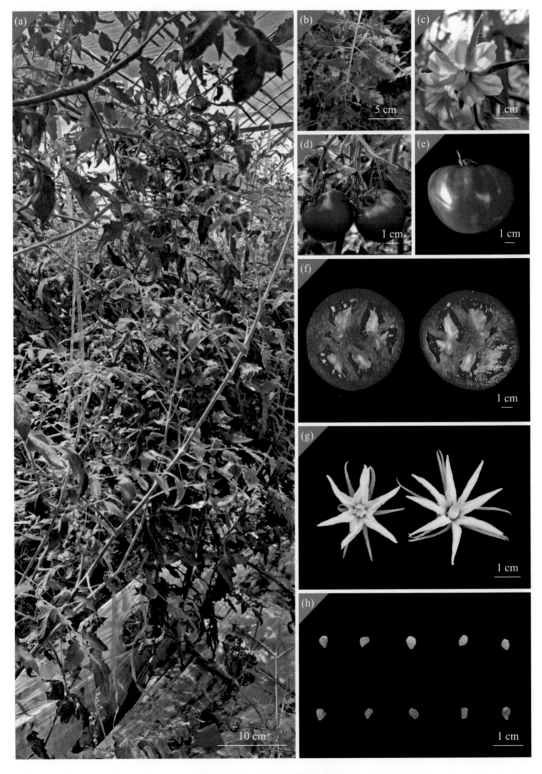

图 2-37　PL28155506G1

（a）植株；（b）叶片；（c）（g）花；（d）（e）（f）果实；（h）种子

表 2-38 PL29133706G1 表型性状

表 型	特 征	表 型	数 值
生长型	无限生长	心室数 / 个	6.40 ± 3.72
茎叶茸毛	长密	单花序花数 / 个	6.80 ± 1.17
叶片着生状态	下垂	叶长 /cm	44.18 ± 5.28
叶片形状	二回羽状复叶	叶宽 /cm	38.32 ± 8.16
叶裂刻	浅	果实横径 /mm	55.51 ± 6.08
花序类型	双歧花序	果实纵径 /mm	46.87 ± 2.03
花柱长度	长于雄蕊	单果重 /g	82.34 ± 23.51
果形	圆形	果肉厚 /mm	5.50 ± 0.64
果顶形状	圆平	种子长 /mm	3.72 ± 0.37
果肩形状	深凹	种子宽 /mm	2.90 ± 0.17
果面棱沟	轻	种子厚 /mm	1.12 ± 0.09
果面茸毛	中	50 粒种子重 /mg	142.20 ± 0.01

表 2-39 PL29463806G1 表型性状

表 型	特 征	表 型	数 值
生长型	无限生长	心室数 / 个	2.40 ± 0.49
茎叶茸毛	长稀	单花序花数 / 个	9.20 ± 2.56
叶片着生状态	下垂	叶长 /cm	36.96 ± 4.44
叶片形状	羽状复叶	叶宽 /cm	34.72 ± 6.15
叶裂刻	浅	果实横径 /mm	48.18 ± 3.09
花序类型	单式花序	果实纵径 /mm	41.17 ± 1.82
花柱长度	与雄蕊近等长	单果重 /g	57.96 ± 5.05
果形	圆形	果肉厚 /mm	5.78 ± 0.76
果顶形状	圆平	种子长 /mm	3.58 ± 0.35
果肩形状	微凹	种子宽 /mm	2.46 ± 0.21
果面棱沟	无	种子厚 /mm	0.93 ± 0.09
果面茸毛	稀	50 粒种子重 /mg	111.50 ± 0.04

图2-38 PL29133706G1

（a）植株；（b）叶片；（c）（g）花；（d）（e）（f）果实；（h）种子

图 2-39　PL29463806G1

（a）植株；（b）叶片；（c）（g）花；（d）（e）（f）果实；（h）种子

表 2-40　PL34113406G1 表型性状

表　型	特　征	表　型	数　值
生长型	无限生长	心室数 / 个	6.80 ± 1.47
茎叶茸毛	短密	单花序花数 / 个	7.00 ± 0.89
叶片着生状态	水平	叶长 /cm	42.54 ± 4.66
叶片形状	二回羽状复叶	叶宽 /cm	46.28 ± 10.45
叶裂刻	浅	果实横径 /mm	63.83 ± 4.70
花序类型	单式花序	果实纵径 /mm	53.57 ± 3.08
花柱长度	短于雄蕊	单果重 /g	125.44 ± 20.14
果形	扁圆	果肉厚 /mm	6.05 ± 0.41
果顶形状	圆平	种子长 /mm	3.98 ± 0.42
果肩形状	深凹	种子宽 /mm	3.24 ± 0.20
果面棱沟	轻	种子厚 /mm	1.07 ± 0.12
果面茸毛	密	50 粒种子重 /mg	154.90 ± 0.03

表 2-41　PL39051075A1 表型性状

表　型	特　征	表　型	数　值
生长型	无限生长	心室数 / 个	2.40 ± 0.49
茎叶茸毛	长密	单花序花数 / 个	8.20 ± 2.79
叶片着生状态	水平	叶长 /cm	41.74 ± 6.08
叶片形状	羽状复叶	叶宽 /cm	41.50 ± 7.10
叶裂刻	无	果实横径 /mm	19.94 ± 1.95
花序类型	单式花序	果实纵径 /mm	18.81 ± 1.49
花柱长度	长于雄蕊	单果重 /g	4.86 ± 0.90
果形	圆形	果肉厚 /mm	1.77 ± 0.69
果顶形状	圆平	种子长 /mm	3.71 ± 0.22
果肩形状	平	种子宽 /mm	2.37 ± 0.20
果面棱沟	无	种子厚 /mm	1.19 ± 0.08
果面茸毛	稀	50 粒种子重 /mg	85.20 ± 0.02

图 2-40　PL34113406G1

（a）植株；（b）叶片；（c）（g）花；（d）（e）（f）果实；（h）种子

图 2-41 PL39051075A1

（a）植株；（b）叶片；（c）（g）花；（d）（e）（f）果实；（h）种子

表 2-42 PL40695276A1 表型性状

表 型	特 征	表 型	数 值
生长型	无限生长	心室数 / 个	3.80 ± 1.17
茎叶茸毛	短稀	单花序花数 / 个	6.20 ± 2.04
叶片着生状态	水平	叶长 /cm	41.04 ± 4.90
叶片形状	二回羽状复叶	叶宽 /cm	38.82 ± 7.84
叶裂刻	中	果实横径 /mm	46.04 ± 6.09
花序类型	多歧花序	果实纵径 /mm	46.02 ± 6.86
花柱长度	长于雄蕊	单果重 /g	55.12 ± 18.36
果形	长圆	果肉厚 /mm	5.70 ± 0.78
果顶形状	微凹	种子长 /mm	3.21 ± 0.19
果肩形状	微凹	种子宽 /mm	2.99 ± 0.26
果面棱沟	中	种子厚 /mm	1.27 ± 0.12
果面茸毛	稀	50 粒种子重 /mg	148.70 ± 0.05

表 2-43 PL45202606G1 表型性状

表 型	特 征	表 型	数 值
生长型	有限生长	心室数 / 个	2.20 ± 0.40
茎叶茸毛	短密	单花序花数 / 个	7.40 ± 1.02
叶片着生状态	下垂	叶长 /cm	33.62 ± 3.65
叶片形状	羽状复叶	叶宽 /cm	39.10 ± 5.07
叶裂刻	中	果实横径 /mm	47.62 ± 9.51
花序类型	双歧花序	果实纵径 /mm	60.90 ± 12.85
花柱长度	与雄蕊近等长	单果重 /g	70.08 ± 17.13
果形	长圆	果肉厚 /mm	7.98 ± 0.53
果顶形状	凸尖	种子长 /mm	3.67 ± 0.45
果肩形状	微凹	种子宽 /mm	2.93 ± 0.33
果面棱沟	轻	种子厚 /mm	1.23 ± 0.12
果面茸毛	中	50 粒种子重 /mg	137.50 ± 0.03

图 2-42　PL40695276A1

（a）植株；（b）叶片；（c）（g）花；（d）（e）（f）果实；（h）种子

图 2-43　PL45202606G1

（a）植株；（b）叶片；（c）（g）花；（d）（e）（f）果实；（h）种子

表 2-44　PL45202706G1 表型性状

表　型	特　征	表　型	数　值
生长型	无限生长	心室数 / 个	4.00 ± 1.41
茎叶茸毛	短稀	单花序花数 / 个	9.20 ± 3.31
叶片着生状态	水平	叶长 /cm	45.18 ± 10.41
叶片形状	羽状复叶	叶宽 /cm	37.70 ± 9.29
叶裂刻	浅	果实横径 /mm	36.14 ± 1.18
花序类型	单式花序	果实纵径 /mm	33.40 ± 0.94
花柱长度	与雄蕊近等长	单果重 /g	24.84 ± 3.45
果形	扁圆	果肉厚 /mm	3.56 ± 0.31
果顶形状	圆平	种子长 /mm	3.56 ± 0.28
果肩形状	微凹	种子宽 /mm	2.77 ± 0.17
果面棱沟	轻	种子厚 /mm	1.21 ± 0.06
果面茸毛	中	50 粒种子重 /mg	125.80 ± 0.01

表 2-45　PL50531706G1 表型性状

表　型	特　征	表　型	数　值
生长型	无限生长	心室数 / 个	2.80 ± 0.40
茎叶茸毛	短密	单花序花数 / 个	7.80 ± 1.33
叶片着生状态	水平	叶长 /cm	46.00 ± 4.05
叶片形状	羽状复叶	叶宽 /cm	40.68 ± 6.04
叶裂刻	浅	果实横径 /mm	48.96 ± 2.42
花序类型	单式花序	果实纵径 /mm	50.28 ± 1.49
花柱长度	与雄蕊近等长	单果重 /g	67.88 ± 7.45
果形	高圆	果肉厚 /mm	6.05 ± 0.84
果顶形状	圆平	种子长 /mm	3.97 ± 0.32
果肩形状	微凹	种子宽 /mm	3.13 ± 0.23
果面棱沟	轻	种子厚 /mm	1.27 ± 0.11
果面茸毛	中	50 粒种子重 /mg	164.40 ± 0.04

图 2-44　PL45202706G1

（a）植株；（b）叶片；（c）（g）花；（d）（e）（f）果实；（h）种子

图 2-45 PL50531706G1

（a）植株；（b）叶片；（c）（g）花；（d）（e）（f）果实；（h）种子

表 2-46　PL64744505G1 表型性状

表　型	特　征	表　型	数　值
生长型	无限生长	心室数 / 个	7.00 ± 1.26
茎叶茸毛	短稀	单花序花数 / 个	5.60 ± 1.02
叶片着生状态	直立	叶长 /cm	43.34 ± 5.43
叶片形状	羽状复叶	叶宽 /cm	30.50 ± 10.19
叶裂刻	浅	果实横径 /mm	68.53 ± 7.70
花序类型	单式花序	果实纵径 /mm	56.47 ± 4.11
花柱长度	与雄蕊近等长	单果重 /g	185.84 ± 72.88
果形	圆形	果肉厚 /mm	6.22 ± 1.12
果顶形状	微凹	种子长 /mm	3.50 ± 0.18
果肩形状	微凹	种子宽 /mm	2.76 ± 0.23
果面棱沟	轻	种子厚 /mm	1.05 ± 0.07
果面茸毛	无	50 粒种子重 /mg	127.60 ± 0.02

表 2-47　PL647447 表型性状

表　型	特　征	表　型	数　值
生长型	无限生长	心室数 / 个	3.60 ± 0.49
茎叶茸毛	短密	单花序花数 / 个	6.80 ± 0.75
叶片着生状态	下垂	叶长 /cm	46.06 ± 5.04
叶片形状	羽状复叶	叶宽 /cm	36.78 ± 6.58
叶裂刻	浅	果实横径 /mm	44.66 ± 3.13
花序类型	单式花序	果实纵径 /mm	38.55 ± 2.72
花柱长度	短于雄蕊	单果重 /g	46.08 ± 10.77
果形	扁圆	果肉厚 /mm	4.00 ± 0.23
果顶形状	微凹	种子长 /mm	3.42 ± 0.34
果肩形状	微凹	种子宽 /mm	2.80 ± 0.23
果面棱沟	轻	种子厚 /mm	1.03 ± 0.07
果面茸毛	中	50 粒种子重 /mg	120.50 ± 0.06

图 2-46　PL64744505G1

（a）植株；（b）叶片；（c）（g）花；（d）（e）（f）果实；（h）种子

图 2-47　PL647447

（a）植株；（b）叶片；（c）（g）花；（d）（e）（f）果实；（h）种子

表 2-48　PL64755601G1 表型性状

表　型	特　征	表　型	数　值
生长型	有限生长	心室数 / 个	2.00 ± 0.00
茎叶茸毛	短密	单花序花数 / 个	14.00 ± 0.89
叶片着生状态	下垂	叶长 /cm	42.66 ± 6.51
叶片形状	二回羽状复叶	叶宽 /cm	33.00 ± 12.08
叶裂刻	浅	果实横径 /mm	26.06 ± 1.44
花序类型	单式花序	果实纵径 /mm	37.39 ± 1.56
花柱长度	与雄蕊近等长	单果重 /g	14.84 ± 2.07
果形	长圆	果肉厚 /mm	3.37 ± 0.25
果顶形状	微凸	种子长 /mm	2.87 ± 0.17
果肩形状	微凹	种子宽 /mm	2.02 ± 0.08
果面棱沟	无	种子厚 /mm	0.86 ± 0.08
果面茸毛	中	50 粒种子重 /mg	79.30 ± 0.03

表 2-49　PL64756602G1 表型性状

表　型	特　征	表　型	数　值
生长型	有限生长	心室数 / 个	5.60 ± 0.80
茎叶茸毛	长稀	单花序花数 / 个	5.80 ± 0.75
叶片着生状态	直立	叶长 /cm	50.46 ± 1.71
叶片形状	二回羽状复叶	叶宽 /cm	52.42 ± 6.18
叶裂刻	浅	果实横径 /mm	68.57 ± 4.27
花序类型	单式花序	果实纵径 /mm	58.25 ± 5.01
花柱长度	短于雄蕊	单果重 /g	162.52 ± 42.05
果形	扁圆	果肉厚 /mm	8.08 ± 0.36
果顶形状	微凹	种子长 /mm	4.10 ± 0.28
果肩形状	深凹	种子宽 /mm	3.08 ± 0.22
果面棱沟	中	种子厚 /mm	0.89 ± 0.15
果面茸毛	稀	50 粒种子重 /mg	182.50 ± 0.03

图 2-48　PL64755601G1

（a）植株；（b）叶片；（c）（g）花；（d）（e）（f）果实；（h）种子

图 2-49　PL64756602G1

（a）植株；（b）叶片；（c）（g）花；（d）（e）（f）果实；（h）种子

表 2-50　PL64752396G1 表型性状

表　型	特　征	表　型	数　值
生长型	无限生长	心室数 / 个	1.80 ± 0.40
茎叶茸毛	长密	单花序花数 / 个	9.40 ± 2.58
叶片着生状态	下垂	叶长 /cm	40.40 ± 10.22
叶片形状	二回羽状复叶	叶宽 /cm	25.54 ± 7.38
叶裂刻	浅	果实横径 /mm	27.77 ± 1.81
花序类型	单式花序	果实纵径 /mm	25.89 ± 1.24
花柱长度	与雄蕊近等长	单果重 /g	11.60 ± 2.07
果形	圆形	果肉厚 /mm	2.02 ± 0.16
果顶形状	圆平	种子长 /mm	3.89 ± 0.15
果肩形状	微凹	种子宽 /mm	2.41 ± 0.21
果面棱沟	无	种子厚 /mm	1.07 ± 0.08
果面茸毛	无	50 粒种子重 /mg	99.20 ± 0.04

表 2-51　PL3301011G1 表型性状

表　型	特　征	表　型	数　值
生长型	无限生长	心室数 / 个	6.40 ± 1.36
茎叶茸毛	短密	单花序花数 / 个	8.00 ± 1.67
叶片着生状态	下垂	叶长 /cm	48.04 ± 7.38
叶片形状	二回羽状复叶	叶宽 /cm	48.28 ± 8.88
叶裂刻	浅	果实横径 /mm	60.83 ± 4.42
花序类型	单式花序	果实纵径 /mm	68.92 ± 3.36
花柱长度	与雄蕊近等长	单果重 /g	167.86 ± 37.95
果形	高圆	果肉厚 /mm	4.42 ± 0.78
果顶形状	微凸	种子长 /mm	3.34 ± 0.22
果肩形状	深凹	种子宽 /mm	3.00 ± 0.20
果面棱沟	轻	种子厚 /mm	1.00 ± 0.09
果面茸毛	无	50 粒种子重 /mg	129.50 ± 0.01

图 2-50　PL64752396G1

（a）植株；（b）叶片；（c）（g）花；（d）（e）（f）果实；（h）种子

图 2-51 PL3301011G1

(a)植株;(b)叶片;(c)(g)花;(d)(e)(f)果实;(h)种子

表 2-52　PL45199379A1 表型性状

表　型	特　征	表　型	数　值
生长型	无限生长	心室数 / 个	7.00 ± 3.00
茎叶茸毛	长稀	单花序花数 / 个	5.60 ± 1.02
叶片着生状态	下垂	叶长 /cm	40.56 ± 5.61
叶片形状	二回羽状复叶	叶宽 /cm	38.58 ± 8.20
叶裂刻	中	果实横径 /mm	43.20 ± 5.92
花序类型	多歧花序	果实纵径 /mm	37.84 ± 5.41
花柱长度	长于雄蕊	单果重 /g	43.20 ± 16.61
果形	扁平	果肉厚 /mm	4.33 ± 0.69
果顶形状	圆平	种子长 /mm	3.50 ± 0.26
果肩形状	深凹	种子宽 /mm	3.08 ± 0.33
果面棱沟	轻	种子厚 /mm	1.22 ± 0.08
果面茸毛	稀	50 粒种子重 /mg	175.30 ± 0.02

表 2-53　G3301210G1 表型性状

表　型	特　征	表　型	数　值
生长型	无限生长	心室数 / 个	11.00 ± 1.79
茎叶茸毛	长密	单花序花数 / 个	6.60 ± 2.06
叶片着生状态	水平	叶长 /cm	35.42 ± 4.14
叶片形状	羽状复叶	叶宽 /cm	32.16 ± 7.00
叶裂刻	无	果实横径 /mm	73.98 ± 12.58
花序类型	单式花序	果实纵径 /mm	50.89 ± 4.17
花柱长度	与雄蕊近等长	单果重 /g	228.10 ± 58.82
果形	扁平	果肉厚 /mm	4.52 ± 1.12
果顶形状	圆平	种子长 /mm	3.83 ± 0.22
果肩形状	深凹	种子宽 /mm	2.56 ± 0.30
果面棱沟	中	种子厚 /mm	1.15 ± 0.11
果面茸毛	无	50 粒种子重 /mg	128.70 ± 0.05

图 2-52　PL45199379A1
（a）植株；（b）叶片；（c）（g）花；（d）（e）（f）果实；（h）种子

图 2-53　G3301210G1

（a）植株；（b）叶片；（c）（g）花；（d）（e）（f）果实；（h）种子

表 2-54　G3301111G1 表型性状

表 型	特 征	表 型	数 值
生长型	无限生长	心室数 / 个	2.20 ± 0.40
茎叶茸毛	长稀	单花序花数 / 个	8.60 ± 1.02
叶片着生状态	下垂	叶长 /cm	44.84 ± 4.99
叶片形状	二回羽状复叶	叶宽 /cm	36.12 ± 6.27
叶裂刻	中	果实横径 /mm	38.07 ± 2.31
花序类型	单式花序	果实纵径 /mm	49.70 ± 3.66
花柱长度	与雄蕊近等长	单果重 /g	40.68 ± 8.86
果形	长圆	果肉厚 /mm	7.94 ± 0.63
果顶形状	圆平	种子长 /mm	3.59 ± 0.13
果肩形状	平	种子宽 /mm	2.64 ± 0.34
果面棱沟	无	种子厚 /mm	1.08 ± 0.09
果面茸毛	无	50 粒种子重 /mg	120.70 ± 0.02

表 2-55　PL63921104G1 表型性状

表 型	特 征	表 型	数 值
生长型	无限生长	心室数 / 个	13.20 ± 1.60
茎叶茸毛	短密	单花序花数 / 个	4.60 ± 1.74
叶片着生状态	水平	叶长 /cm	35.42 ± 4.14
叶片形状	羽状复叶	叶宽 /cm	32.16 ± 7.00
叶裂刻	中	果实横径 /mm	81.19 ± 2.12
花序类型	双歧花序	果实纵径 /mm	55.89 ± 3.88
花柱长度	与雄蕊近等长	单果重 /g	228.10 ± 58.82
果形	扁平	果肉厚 /mm	6.88 ± 0.99
果顶形状	圆平	种子长 /mm	3.90 ± 0.25
果肩形状	微凹	种子宽 /mm	3.18 ± 0.19
果面棱沟	中	种子厚 /mm	1.31 ± 0.16
果面茸毛	无	50 粒种子重 /mg	175.20 ± 0.03

图 2-54　G3301111G1
（a）植株；（b）叶片；（c）（g）花；（d）（e）（f）果实；（h）种子

图 2-55　PL63921104G1

（a）植株；（b）叶片；（c）（g）花；（d）（e）（f）果实；（h）种子

表 2-56　G3301311G11 表型性状

表　型	特　征	表　型	数　值
生长型	无限生长	心室数 / 个	6.40 ± 0.49
茎叶茸毛	长密	单花序花数 / 个	7.60 ± 1.02
叶片着生状态	直立	叶长 /cm	44.84 ± 4.99
叶片形状	二回羽状复叶	叶宽 /cm	36.12 ± 6.27
叶裂刻	中	果实横径 /mm	52.03 ± 1.38
花序类型	双歧花序	果实纵径 /mm	43.58 ± 2.17
花柱长度	短于雄蕊	单果重 /g	40.68 ± 8.86
果形	扁平	果肉厚 /mm	4.06 ± 0.54
果顶形状	圆平	种子长 /mm	3.31 ± 0.33
果肩形状	深凹	种子宽 /mm	2.80 ± 0.12
果面棱沟	轻	种子厚 /mm	1.04 ± 0.16
果面茸毛	无	50 粒种子重 /mg	137.20 ± 0.03

表 2-57　G3301410G1 表型性状

表　型	特　征	表　型	数　值
生长型	有限生长	心室数 / 个	2.20 ± 0.40
茎叶茸毛	短密	单花序花数 / 个	7.60 ± 2.33
叶片着生状态	下垂	叶长 /cm	26.70 ± 1.21
叶片形状	羽状复叶	叶宽 /cm	28.27 ± 8.35
叶裂刻	浅	果实横径 /mm	29.56 ± 1.85
花序类型	单式花序	果实纵径 /mm	33.12 ± 2.82
花柱长度	与雄蕊近等长	单果重 /g	19.58 ± 3.04
果形	高圆	果肉厚 /mm	5.36 ± 0.28
果顶形状	微凹	种子长 /mm	3.65 ± 0.35
果肩形状	微凹	种子宽 /mm	2.91 ± 0.19
果面棱沟	轻	种子厚 /mm	1.37 ± 0.16
果面茸毛	稀	50 粒种子重 /mg	168.70 ± 0.04

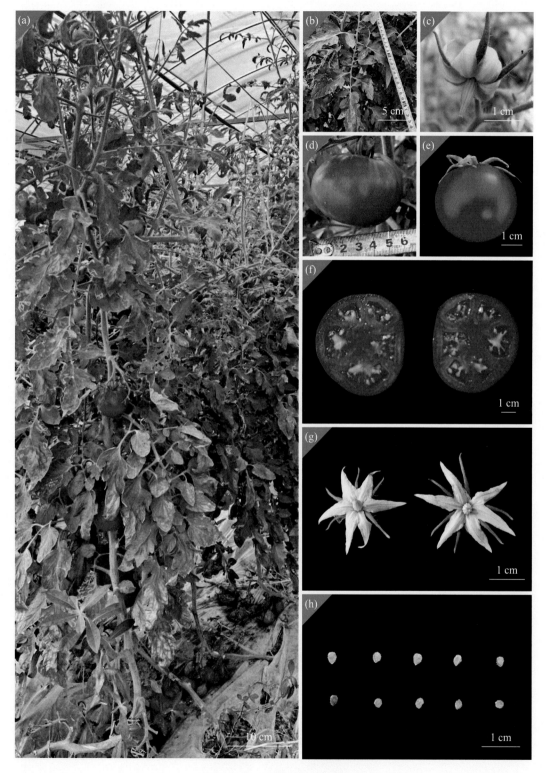

图 2-56　G3301311G11

（a）植株；（b）叶片；（c）（g）花；（d）（e）（f）果实；（h）种子

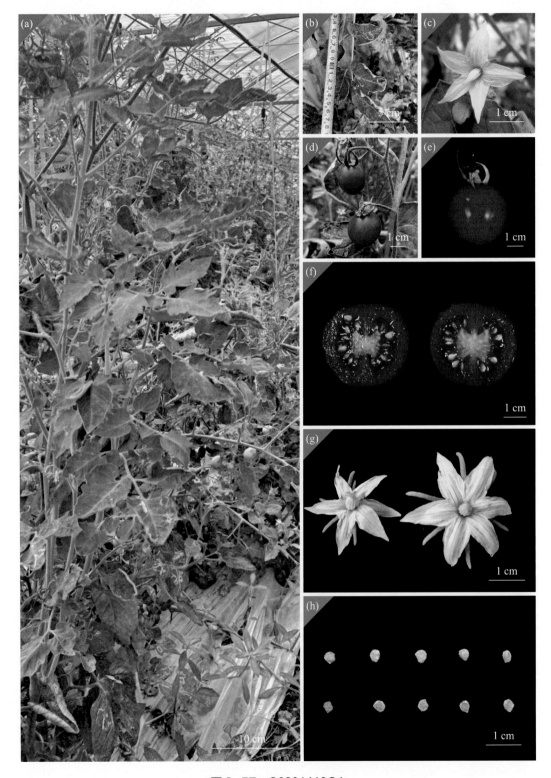

图 2-57　G3301410G1

（a）植株；（b）叶片；（c）（g）花；（d）（e）（f）果实；（h）种子

表 2-58　PL27018601G1 表型性状

表　型	特　征	表　型	数　值
生长型	无限生长	心室数 / 个	6.00 ± 1.41
茎叶茸毛	短密	单花序花数 / 个	5.60 ± 1.02
叶片着生状态	下垂	叶长 /cm	42.57 ± 4.17
叶片形状	二回羽状复叶	叶宽 /cm	38.70 ± 2.26
叶裂刻	浅	果实横径 /mm	58.82 ± 3.20
花序类型	单式花序	果实纵径 /mm	55.34 ± 1.63
花柱长度	与雄蕊近等长	单果重 /g	112.18 ± 18.28
果形	圆形	果肉厚 /mm	5.78 ± 0.28
果顶形状	圆平	种子长 /mm	3.67 ± 0.21
果肩形状	深凹	种子宽 /mm	2.91 ± 0.26
果面棱沟	轻	种子厚 /mm	1.35 ± 0.10
果面茸毛	无	50 粒种子重 /mg	151.00 ± 0.01

表 2-59　PL23425473A1 表型性状

表　型	特　征	表　型	数　值
生长型	无限生长	心室数 / 个	2.00 ± 0.00
茎叶茸毛	长密	单花序花数 / 个	7.00 ± 1.55
叶片着生状态	直立	叶长 /cm	36.23 ± 4.95
叶片形状	二回羽状复叶	叶宽 /cm	38.70 ± 5.00
叶裂刻	中	果实横径 /mm	41.78 ± 1.50
花序类型	单式花序	果实纵径 /mm	42.89 ± 1.20
花柱长度	长于雄蕊	单果重 /g	44.06 ± 4.29
果形	圆形	果肉厚 /mm	5.97 ± 0.93
果顶形状	圆平	种子长 /mm	3.80 ± 0.27
果肩形状	平	种子宽 /mm	2.97 ± 0.38
果面棱沟	无	种子厚 /mm	1.24 ± 0.07
果面茸毛	无	50 粒种子重 /mg	156.10 ± 0.04

图 2-58 PL27018601G1
（a）植株；（b）叶片；（c）（g）花；（d）（e）（f）果实；（h）种子

图 2-59 PL23425473A1

(a)植株;(b)叶片;(c)(g)花;(d)(e)(f)果实;(h)种子

表 2-60　G3301711G1 表型性状

表　型	特　征	表　型	数　值
生长型	有限生长	心室数 / 个	4.60 ± 0.49
茎叶茸毛	长稀	单花序花数 / 个	4.80 ± 0.75
叶片着生状态	下垂	叶长 /cm	36.10 ± 4.78
叶片形状	二回羽状复叶	叶宽 /cm	29.00 ± 3.26
叶裂刻	浅	果实横径 /mm	52.50 ± 3.32
花序类型	单式花序	果实纵径 /mm	61.45 ± 3.43
花柱长度	短于雄蕊	单果重 /g	77.78 ± 22.86
果形	高圆	果肉厚 /mm	5.52 ± 0.17
果顶形状	圆平	种子长 /mm	3.72 ± 0.39
果肩形状	微凹	种子宽 /mm	2.51 ± 0.33
果面棱沟	轻	种子厚 /mm	0.97 ± 0.12
果面茸毛	稀	50 粒种子重 /mg	118.80 ± 0.02

表 2-61　G3308411G1 表型性状

表　型	特　征	表　型	数　值
生长型	有限生长	心室数 / 个	4.40 ± 0.42
茎叶茸毛	短稀	单花序花数 / 个	4.90 ± 0.55
叶片着生状态	下垂	叶长 /cm	33.80 ± 2.57
叶片形状	羽状复叶	叶宽 /cm	32.20 ± 3.88
叶裂刻	浅	果实横径 /mm	46.20 ± 3.25
花序类型	单式花序	果实纵径 /mm	92.20 ± 4.42
花柱长度	短于雄蕊	单果重 /g	99.78 ± 17.86
果形	牛角椒形	果肉厚 /mm	6.66 ± 0.13
果顶形状	微凹	种子长 /mm	3.64 ± 0.23
果肩形状	微凹	种子宽 /mm	2.97 ± 0.29
果面棱沟	轻	种子厚 /mm	0.99 ± 0.97
果面茸毛	无	50 粒种子重 /mg	157.50 ± 0.03

图 2-60　G3301711G1

（a）植株；（b）叶片；（c）（g）花；（d）（e）（f）果实；（h）种子

图 2-61　G3308411G1

（a）植株；（b）叶片；（c）（g）花；（d）（e）（f）果实；（h）种子

表 2-62 PL64508209G1 表型性状

表 型	特 征	表 型	数 值
生长型	无限生长	心室数 / 个	2.60 ± 0.49
茎叶茸毛	长密	单花序花数 / 个	8.60 ± 2.06
叶片着生状态	水平	叶长 /cm	54.17 ± 4.19
叶片形状	羽状复叶	叶宽 /cm	44.93 ± 10.50
叶裂刻	中	果实横径 /mm	43.80 ± 1.56
花序类型	单式花序	果实纵径 /mm	41.77 ± 2.24
花柱长度	与雄蕊近等长	单果重 /g	47.50 ± 2.43
果形	圆形	果肉厚 /mm	5.54 ± 0.28
果顶形状	圆平	种子长 /mm	3.74 ± 0.39
果肩形状	深凹	种子宽 /mm	3.10 ± 0.20
果面棱沟	轻	种子厚 /mm	1.06 ± 0.05
果面茸毛	无	50 粒种子重 /mg	143.10 ± 0.01

表 2-63 PL2701989061 表型性状

表 型	特 征	表 型	数 值
生长型	无限生长	心室数 / 个	5.40 ± 1.36
茎叶茸毛	短密	单花序花数 / 个	6.40 ± 1.02
叶片着生状态	下垂	叶长 /cm	51.80 ± 9.81
叶片形状	羽状复叶	叶宽 /cm	45.77 ± 14.53
叶裂刻	浅	果实横径 /mm	55.70 ± 8.30
花序类型	单式花序	果实纵径 /mm	43.51 ± 4.35
花柱长度	短于雄蕊	单果重 /g	74.50 ± 23.36
果形	扁圆	果肉厚 /mm	5.27 ± 1.38
果顶形状	圆平	种子长 /mm	3.55 ± 0.22
果肩形状	深凹	种子宽 /mm	3.21 ± 0.29
果面棱沟	轻	种子厚 /mm	0.98 ± 0.12
果面茸毛	无	50 粒种子重 /mg	132.70 ± 0.06

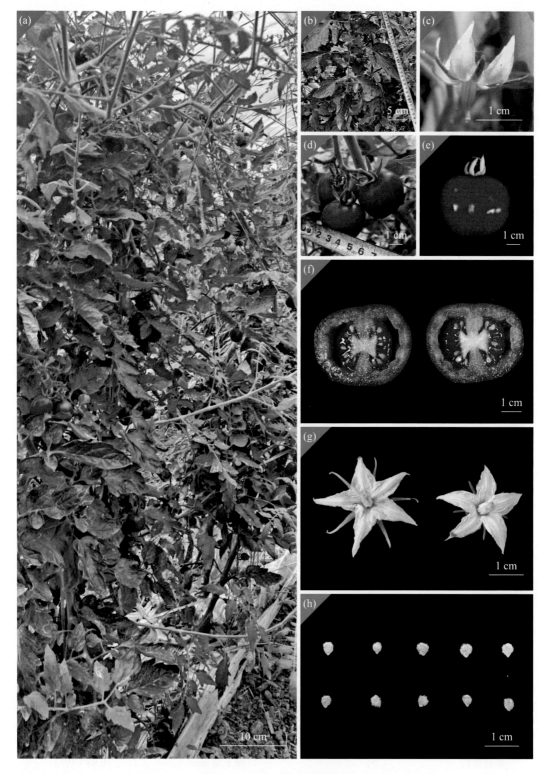

图 2-62　PL64508209G1

（a）植株；（b）叶片；（c）（g）花；（d）（e）（f）果实；（h）种子

图 2-63　PL2701989061

（a）植株；（b）叶片；（c）（g）花；（d）（e）（f）果实；（h）种子

表 2-64 G3308311G1 表型性状

表 型	特 征	表 型	数 值
生长型	无限生长	心室数 / 个	7.00 ± 2.23
茎叶茸毛	短密	单花序花数 / 个	6.50 ± 1.02
叶片着生状态	下垂	叶长 /cm	29.85 ± 4.45
叶片形状	二回羽状复叶	叶宽 /cm	28.76 ± 6.62
叶裂刻	中	果实横径 /mm	50.05 ± 5.56
花序类型	单式花序	果实纵径 /mm	46.60 ± 3.32
花柱长度	长于雄蕊	单果重 /g	82.21 ± 6.45
果形	扁圆	果肉厚 /mm	4.67 ± 0.35
果顶形状	微凹	种子长 /mm	3.93 ± 0.36
果肩形状	平	种子宽 /mm	2.52 ± 0.20
果面棱沟	轻	种子厚 /mm	1.20 ± 0.06
果面茸毛	稀	50 粒种子重 /mg	126.60 ± 0.02

表 2-65 PL27020270A1 表型性状

表 型	特 征	表 型	数 值
生长型	无限生长	心室数 / 个	9.00 ± 3.69
茎叶茸毛	长密	单花序花数 / 个	5.60 ± 1.62
叶片着生状态	直立	叶长 /cm	38.50 ± 4.56
叶片形状	羽状复叶	叶宽 /cm	35.40 ± 4.66
叶裂刻	浅	果实横径 /mm	61.15 ± 8.07
花序类型	双歧花序	果实纵径 /mm	61.64 ± 7.22
花柱长度	长于雄蕊	单果重 /g	126.16 ± 32.72
果形	圆形	果肉厚 /mm	4.43 ± 0.44
果顶形状	圆平	种子长 /mm	3.52 ± 0.21
果肩形状	深凹	种子宽 /mm	2.74 ± 0.26
果面棱沟	轻	种子厚 /mm	1.14 ± 0.10
果面茸毛	无	50 粒种子重 /mg	154.40 ± 0.04

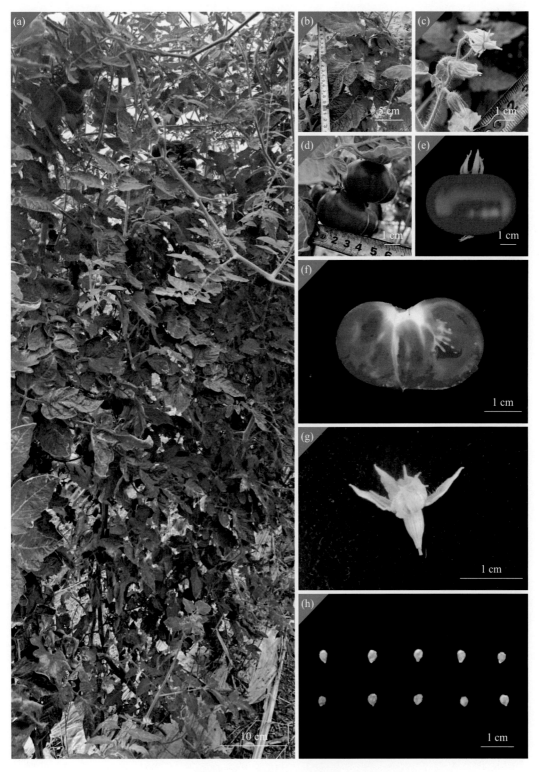

图 2-64　G3308311G1

（a）植株；（b）叶片；（c）（g）花；（d）（e）（f）果实；（h）种子

图 2-65　PL27020270A1

（a）植株；（b）叶片；（c）（g）花；（d）（e）（f）果实；（h）种子

表 2-66　PL45199079A1 表型性状

表　型	特　征	表　型	数　值
生长型	无限生长	心室数 / 个	5.40 ± 1.85
茎叶茸毛	长密	单花序花数 / 个	7.80 ± 1.94
叶片着生状态	水平	叶长 /cm	45.70 ± 5.25
叶片形状	二回羽状复叶	叶宽 /cm	33.87 ± 7.11
叶裂刻	中	果实横径 /mm	50.41 ± 6.36
花序类型	单式花序	果实纵径 /mm	43.37 ± 1.26
花柱长度	长于雄蕊	单果重 /g	68.92 ± 17.28
果形	扁圆	果肉厚 /mm	5.30 ± 0.69
果顶形状	圆平	种子长 /mm	3.72 ± 0.53
果肩形状	微凹	种子宽 /mm	3.15 ± 0.08
果面棱沟	轻	种子厚 /mm	1.31 ± 0.06
果面茸毛	稀	50 粒种子重 /mg	189.70 ± 0.01

表 2-67　PL63921504G1 表型性状

表　型	特　征	表　型	数　值
生长型	无限生长	心室数 / 个	2.20 ± 0.40
茎叶茸毛	短密	单花序花数 / 个	10.00 ± 1.90
叶片着生状态	水平	叶长 /cm	33.57 ± 2.74
叶片形状	羽状复叶	叶宽 /cm	36.73 ± 1.92
叶裂刻	中	果实横径 /mm	32.14 ± 1.79
花序类型	双歧花序	果实纵径 /mm	34.14 ± 0.52
花柱长度	与雄蕊近等长	单果重 /g	22.72 ± 3.16
果形	高圆	果肉厚 /mm	4.04 ± 0.52
果顶形状	微凹	种子长 /mm	3.47 ± 0.11
果肩形状	微凹	种子宽 /mm	3.05 ± 0.27
果面棱沟	轻	种子厚 /mm	1.37 ± 0.16
果面茸毛	稀	50 粒种子重 /mg	157.90 ± 0.03

图2-66 PL45199079A1

（a）植株；（b）叶片；（c）（g）花；（d）（e）（f）果实；（h）种子

图 2-67　PL63921504G1

（a）植株；（b）叶片；（c）（g）花；（d）（e）（f）果实；（h）种子

表 2-68　PL29085705G1 表型性状

表　型	特　征	表　型	数　值
生长型	无限生长	心室数 / 个	8.00 ± 0.82
茎叶茸毛	短稀	单花序花数 / 个	8.40 ± 1.36
叶片着生状态	下垂	叶长 /cm	39.53 ± 7.61
叶片形状	二回羽状复叶	叶宽 /cm	33.57 ± 10.58
叶裂刻	中	果实横径 /mm	46.07 ± 6.76
花序类型	多歧花序	果实纵径 /mm	25.44 ± 3.69
花柱长度	长于雄蕊	单果重 /g	30.34 ± 13.69
果形	扁平	果肉厚 /mm	4.02 ± 0.51
果顶形状	微圆	种子长 /mm	3.27 ± 0.29
果肩形状	微凹	种子宽 /mm	2.90 ± 0.19
果面棱沟	重	种子厚 /mm	1.29 ± 0.08
果面茸毛	无	50 粒种子重 /mg	153.80 ± 0.02

表 2-69　G3301810G1 表型性状

表　型	特　征	表　型	数　值
生长型	有限生长	心室数 / 个	2.20 ± 0.40
茎叶茸毛	长密	单花序花数 / 个	6.00 ± 1.10
叶片着生状态	水平	叶长 /cm	43.13 ± 3.60
叶片形状	二回羽状复叶	叶宽 /cm	50.83 ± 6.61
叶裂刻	浅	果实横径 /mm	40.33 ± 4.21
花序类型	单式花序	果实纵径 /mm	66.53 ± 3.39
花柱长度	与雄蕊近等长	单果重 /g	60.50 ± 12.74
果形	长圆	果肉厚 /mm	6.18 ± 0.35
果顶形状	凸尖	种子长 /mm	3.52 ± 0.26
果肩形状	微凹	种子宽 /mm	2.92 ± 0.23
果面棱沟	轻	种子厚 /mm	1.14 ± 0.07
果面茸毛	密	50 粒种子重 /mg	157.50 ± 0.02

图 2-68　PL29085705G1

（a）植株；（b）叶片；（c）（g）花；（d）（e）（f）果实；（h）种子

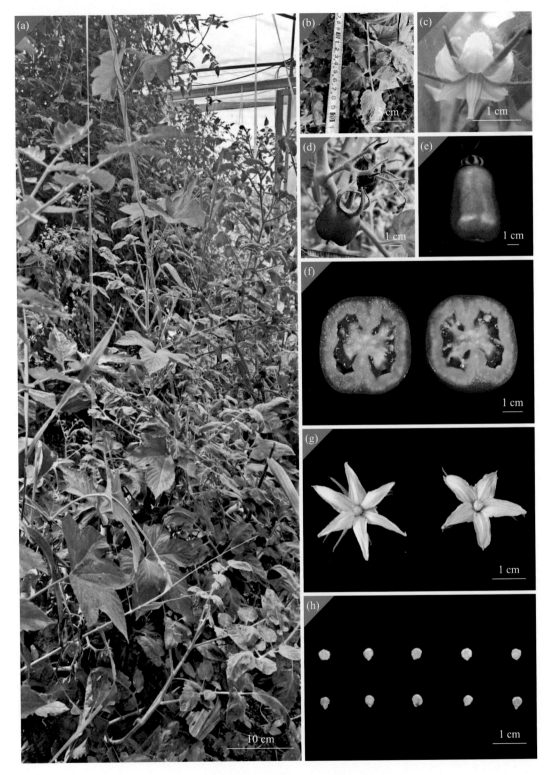

图 2-69　G3301810G1

（a）植株；（b）叶片；（c）（g）花；（d）（e）（f）果实；（h）种子

表 2-70　PL64719603G1 表型性状

表　型	特　征	表　型	数　值
生长型	有限生长	心室数 / 个	7.80 ± 1.72
茎叶茸毛	长密	单花序花数 / 个	7.40 ± 1.50
叶片着生状态	水平	叶长 /cm	56.57 ± 8.01
叶片形状	羽状复叶	叶宽 /cm	55.63 ± 9.48
叶裂刻	浅	果实横径 /mm	61.45 ± 2.10
花序类型	双歧花序	果实纵径 /mm	49.69 ± 1.49
花柱长度	与雄蕊近等长	单果重 /g	107.12 ± 6.92
果形	扁圆	果肉厚 /mm	5.91 ± 0.77
果顶形状	圆平	种子长 /mm	3.78 ± 0.26
果肩形状	深凹	种子宽 /mm	2.90 ± 0.17
果面棱沟	轻	种子厚 /mm	1.10 ± 0.12
果面茸毛	稀	50 粒种子重 /mg	138.40 ± 0.05

表 2-71　PL12899001G1 表型性状

表　型	特　征	表　型	数　值
生长型	无限生长	心室数 / 个	2.20 ± 0.40
茎叶茸毛	长密	单花序花数 / 个	7.20 ± 0.98
叶片着生状态	直立	叶长 /cm	43.57 ± 2.31
叶片形状	羽状复叶	叶宽 /cm	44.83 ± 4.80
叶裂刻	浅	果实横径 /mm	33.42 ± 4.55
花序类型	单式花序	果实纵径 /mm	67.26 ± 10.59
花柱长度	与雄蕊近等长	单果重 /g	44.96 ± 15.03
果形	长圆	果肉厚 /mm	4.78 ± 0.59
果顶形状	凸尖	种子长 /mm	3.58 ± 0.28
果肩形状	微凹	种子宽 /mm	2.83 ± 0.24
果面棱沟	轻	种子厚 /mm	1.11 ± 0.06
果面茸毛	稀	50 粒种子重 /mg	128.60 ± 0.04

图 2-70 PL64719603G1

（a）植株；（b）叶片；（c）（g）花；（d）（e）（f）果实；（h）种子

图 2-71 PL12899001G1

（a）植株；（b）叶片；（c）（g）花；（d）（e）（f）果实；（h）种子

表 2-72　G3301911G1 表型性状

表　型	特　征	表　型	数　值
生长型	无限生长	心室数 / 个	2.20 ± 0.40
茎叶茸毛	短密	单花序花数 / 个	7.40 ± 2.33
叶片着生状态	直立	叶长 /cm	37.43 ± 0.87
叶片形状	二回羽状复叶	叶宽 /cm	24.20 ± 2.87
叶裂刻	无	果实横径 /mm	20.96 ± 0.75
花序类型	双歧花序	果实纵径 /mm	30.98 ± 1.07
花柱长度	与雄蕊近等长	单果重 /g	9.92 ± 0.97
果形	长圆	果肉厚 /mm	2.34 ± 0.24
果顶形状	圆平	种子长 /mm	2.97 ± 0.13
果肩形状	平	种子宽 /mm	2.13 ± 0.44
果面棱沟	无	种子厚 /mm	0.90 ± 0.07
果面茸毛	密	50 粒种子重 /mg	77.20 ± 0.01

表 2-73　PL25043604G1 表型性状

表　型	特　征	表　型	数　值
生长型	无限生长	心室数 / 个	3.60 ± 0.49
茎叶茸毛	长密	单花序花数 / 个	8.20 ± 3.06
叶片着生状态	下垂	叶长 /cm	50.13 ± 1.73
叶片形状	羽状复叶	叶宽 /cm	40.53 ± 4.80
叶裂刻	浅	果实横径 /mm	41.34 ± 2.33
花序类型	双歧花序	果实纵径 /mm	41.00 ± 2.47
花柱长度	与雄蕊近等长	单果重 /g	41.64 ± 6.37
果形	圆形	果肉厚 /mm	4.67 ± 0.33
果顶形状	圆平	种子长 /mm	3.23 ± 0.14
果肩形状	微凹	种子宽 /mm	2.63 ± 0.20
果面棱沟	无	种子厚 /mm	1.00 ± 0.09
果面茸毛	稀	50 粒种子重 /mg	119.00 ± 0.03

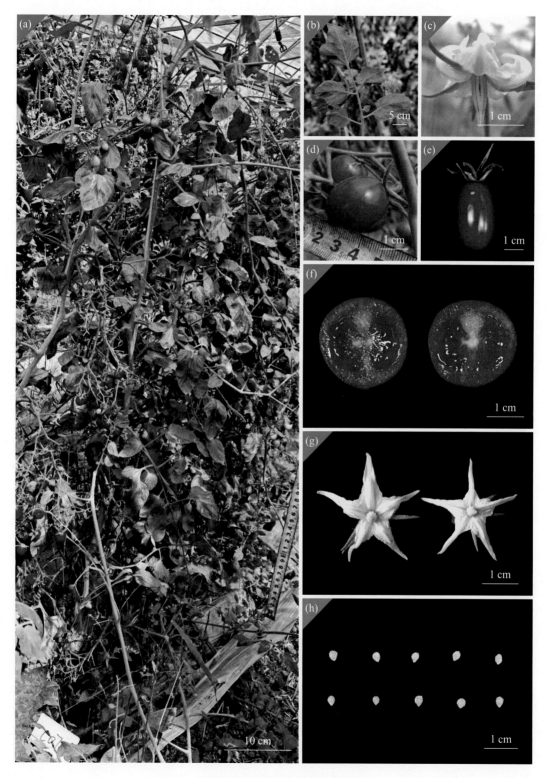

图 2-72 G3301911G1

（a）植株；（b）叶片；（c）（g）花；（d）（e）（f）果实；（h）种子

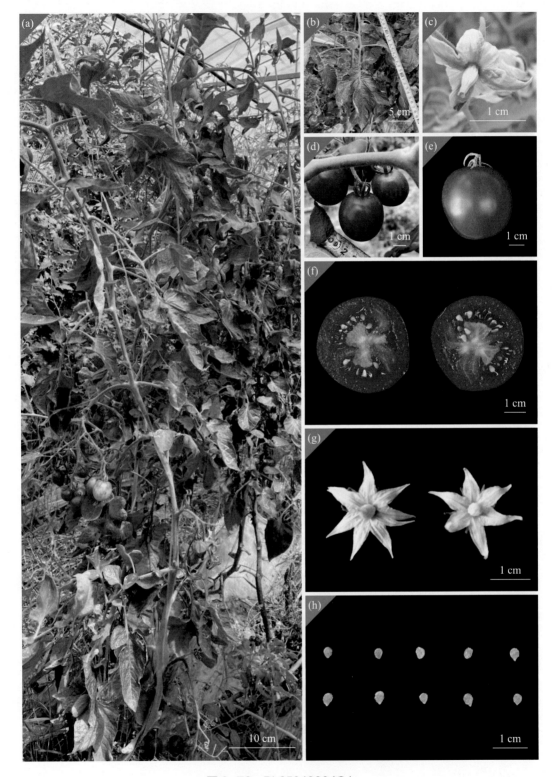

图 2-73　PL25043604G1

（a）植株；（b）叶片；（c）（g）花；（d）（e）（f）果实；（h）种子

表 2-74 G3302511G11 表型性状

表　型	特　征	表　型	数　值
生长型	无限生长	心室数 / 个	2.20 ± 0.40
茎叶茸毛	长稀	单花序花数 / 个	9.40 ± 1.85
叶片着生状态	直立	叶长 /cm	45.73 ± 2.92
叶片形状	羽状复叶	叶宽 /cm	52.57 ± 2.38
叶裂刻	浅	果实横径 /mm	52.50 ± 3.32
花序类型	单式花序	果实纵径 /mm	61.45 ± 3.43
花柱长度	与雄蕊近等长	单果重 /g	47.46 ± 4.10
果形	高圆	果肉厚 /mm	5.13 ± 0.46
果顶形状	微凹	种子长 /mm	3.40 ± 1.25
果肩形状	微凹	种子宽 /mm	3.10 ± 0.16
果面棱沟	中	种子厚 /mm	1.21 ± 0.03
果面茸毛	稀	50 粒种子重 /mg	171.70 ± 0.04

表 2-75 G3302010G1 表型性状

表　型	特　征	表　型	数　值
生长型	有限生长	心室数 / 个	3.20 ± 0.75
茎叶茸毛	短密	单花序花数 / 个	7.80 ± 0.75
叶片着生状态	水平	叶长 /cm	28.40 ± 3.40
叶片形状	二回羽状复叶	叶宽 /cm	25.80 ± 6.52
叶裂刻	中	果实横径 /mm	45.62 ± 2.40
花序类型	单式花序	果实纵径 /mm	33.99 ± 1.31
花柱长度	与雄蕊近等长	单果重 /g	39.88 ± 4.79
果形	扁平	果肉厚 /mm	4.71 ± 0.53
果顶形状	微凹	种子长 /mm	3.74 ± 0.15
果肩形状	深凹	种子宽 /mm	3.13 ± 0.22
果面棱沟	重	种子厚 /mm	1.11 ± 0.12
果面茸毛	稀	50 粒种子重 /mg	140.90 ± 0.07

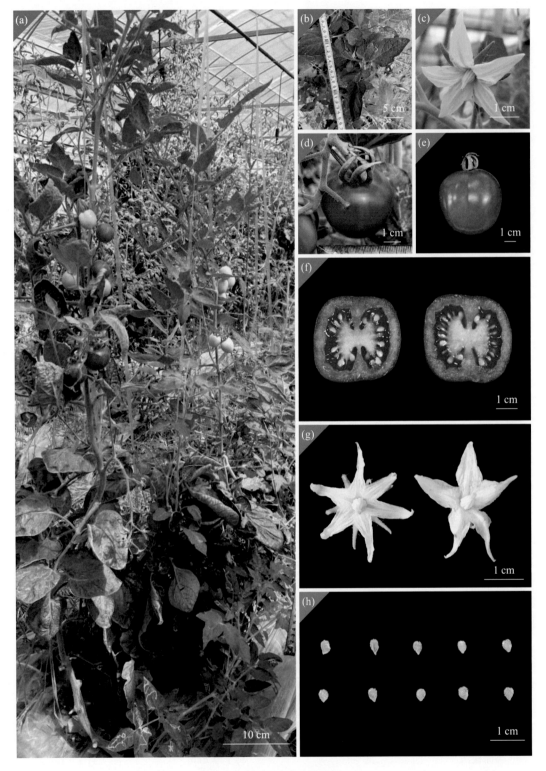

图 2-74　G3302511G11

（a）植株；（b）叶片；（c）（g）花；（d）（e）（f）果实；（h）种子

图 2-75　G3302010G1

（a）植株；（b）叶片；（c）（g）花；（d）（e）（f）果实；（h）种子

表 2-76 PL33993896G1 表型性状

表　型	特　征	表　型	数　值
生长型	无限生长	心室数 / 个	2.60 ± 0.80
茎叶茸毛	长稀	单花序花数 / 个	7.20 ± 1.60
叶片着生状态	下垂	叶长 /cm	46.80 ± 2.01
叶片形状	二回羽状复叶	叶宽 /cm	27.27 ± 7.09
叶裂刻	浅	果实横径 /mm	41.77 ± 2.24
花序类型	单式花序	果实纵径 /mm	43.80 ± 1.56
花柱长度	与雄蕊近等长	单果重 /g	66.14 ± 26.28
果形	圆形	果肉厚 /mm	6.77 ± 0.68
果顶形状	微凹	种子长 /mm	3.46 ± 0.10
果肩形状	深凹	种子宽 /mm	2.85 ± 0.18
果面棱沟	轻	种子厚 /mm	1.16 ± 0.05
果面茸毛	无	50 粒种子重 /mg	154.20 ± 0.20

表 2-77 PL64504811G11 表型性状

表　型	特　征	表　型	数　值
生长型	无限生长	心室数 / 个	8.00 ± 4.08
茎叶茸毛	长密	单花序花数 / 个	6.80 ± 1.83
叶片着生状态	水平	叶长 /cm	37.90 ± 2.62
叶片形状	羽状复叶	叶宽 /cm	34.87 ± 3.31
叶裂刻	中	果实横径 /mm	40.01 ± 14.50
花序类型	多歧花序	果实纵径 /mm	36.09 ± 0.34
花柱长度	长于雄蕊	单果重 /g	37.38 ± 18.66
果形	扁平	果肉厚 /mm	3.26 ± 0.42
果顶形状	微凹	种子长 /mm	3.79 ± 0.19
果肩形状	深凹	种子宽 /mm	2.78 ± 0.24
果面棱沟	重	种子厚 /mm	1.15 ± 0.11
果面茸毛	稀	50 粒种子重 /mg	146.60 ± 0.01

图 2-76 PL33993896G1

（a）植株；（b）叶片；（c）（g）花；（d）（e）（f）果实；（h）种子

图 2-77　PL64504811G11

（a）植株；（b）叶片；（c）（g）花；（d）（e）（f）果实；（h）种子

表 2-78　PL30381004G1 表型性状

表　型	特　征	表　型	数　值
生长型	无限生长	心室数 / 个	2.20 ± 0.00
茎叶茸毛	长密	单花序花数 / 个	8.80 ± 1.33
叶片着生状态	直立	叶长 /cm	36.30 ± 2.07
叶片形状	二回羽状复叶	叶宽 /cm	34.77 ± 1.82
叶裂刻	浅	果实横径 /mm	24.40 ± 1.15
花序类型	单式花序	果实纵径 /mm	43.88 ± 1.59
花柱长度	与雄蕊近等长	单果重 /g	13.20 ± 1.05
果形	梨形	果肉厚 /mm	2.71 ± 0.40
果顶形状	深凹	种子长 /mm	3.14 ± 0.13
果肩形状	深凹	种子宽 /mm	2.40 ± 0.16
果面棱沟	无	种子厚 /mm	1.12 ± 0.07
果面茸毛	稀	50 粒种子重 /mg	106.70 ± 0.03

表 2-79　PL63920804G1-01 表型性状

表　型	特　征	表　型	数　值
生长型	无限生长	心室数 / 个	9.00 ± 0.00
茎叶茸毛	长密	单花序花数 / 个	7.40 ± 1.50
叶片着生状态	水平	叶长 /cm	40.43 ± 3.39
叶片形状	羽状复叶	叶宽 /cm	32.70 ± 1.71
叶裂刻	浅	果实横径 /mm	58.69 ± 5.76
花序类型	多歧花序	果实纵径 /mm	41.78 ± 3.80
花柱长度	长于雄蕊	单果重 /g	70.33 ± 25.44
果形	扁平	果肉厚 /mm	5.37 ± 0.39
果顶形状	圆平	种子长 /mm	3.89 ± 0.19
果肩形状	深凹	种子宽 /mm	2.83 ± 0.28
果面棱沟	重	种子厚 /mm	1.22 ± 0.17
果面茸毛	密	50 粒种子重 /mg	148.80 ± 0.02

图 2-78　PL30381004G1

（a）植株；（b）叶片；（c）（g）花；（d）（e）（f）果实；（h）种子

图 2-79 PL63920804G1-01

（a）植株；（b）叶片；（c）（g）花；（d）（e）（f）果实；（h）种子

表 2-80 G3300910G1 表型性状

表 型	特 征	表 型	数 值
生长型	无限生长	心室数 / 个	14.80 ± 1.17
茎叶茸毛	长密	单花序花数 / 个	6.60 ± 1.85
叶片着生状态	直立	叶长 /cm	44.80 ± 4.42
叶片形状	二回羽状复叶	叶宽 /cm	37.97 ± 6.16
叶裂刻	中	果实横径 /mm	81.73 ± 7.52
花序类型	单式花序	果实纵径 /mm	63.70 ± 6.46
花柱长度	短于雄蕊	单果重 /g	276.10 ± 50.36
果形	扁圆	果肉厚 /mm	6.46 ± 1.23
果顶形状	深凹	种子长 /mm	3.72 ± 0.13
果肩形状	深凹	种子宽 /mm	3.11 ± 0.26
果面棱沟	轻	种子厚 /mm	1.29 ± 0.02
果面茸毛	中	50 粒种子重 /mg	190.70 ± 0.03

表 2-81 PL63920804G1-02 表型性状

表 型	特 征	表 型	数 值
生长型	无限生长	心室数 / 个	13.40 ± 2.58
茎叶茸毛	长稀	单花序花数 / 个	2.80 ± 0.75
叶片着生状态	水平	叶长 /cm	37.50 ± 3.66
叶片形状	二回羽状复叶	叶宽 /cm	40.57 ± 8.97
叶裂刻	浅	果实横径 /mm	73.77 ± 4.41
花序类型	多歧花序	果实纵径 /mm	56.51 ± 4.81
花柱长度	与雄蕊近等长	单果重 /g	177.36 ± 27.42
果形	扁平	果肉厚 /mm	5.02 ± 0.89
果顶形状	微凹	种子长 /mm	4.03 ± 0.32
果肩形状	深凹	种子宽 /mm	3.21 ± 0.18
果面棱沟	中	种子厚 /mm	1.20 ± 0.06
果面茸毛	稀	50 粒种子重 /mg	182.00 ± 0.05

图 2-80 G3300910G1
（a）植株；（b）叶片；（c）（g）花；（d）（e）（f）果实；（h）种子

图 2-81　PL63920804G1-02

（a）植株；（b）叶片；（c）（g）花；（d）（e）（f）果实；（h）种子

表 2-82　PL64488511G1 表型性状

表　型	特　征	表　型	数　值
生长型	无限生长	心室数 / 个	12.00 ± 0.63
茎叶茸毛	长稀	单花序花数 / 个	6.60 ± 1.02
叶片着生状态	下垂	叶长 /cm	40.73 ± 1.89
叶片形状	二回羽状复叶	叶宽 /cm	40.87 ± 1.08
叶裂刻	中	果实横径 /mm	56.42 ± 4.02
花序类型	多歧花序	果实纵径 /mm	50.76 ± 3.63
花柱长度	与雄蕊近等长	单果重 /g	89.68 ± 17.39
果形	扁圆	果肉厚 /mm	4.98 ± 0.52
果顶形状	圆平	种子长 /mm	3.82 ± 0.23
果肩形状	深凹	种子宽 /mm	2.47 ± 0.68
果面棱沟	轻	种子厚 /mm	1.14 ± 0.11
果面茸毛	稀	50 粒种子重 /mg	145.30 ± 0.02

表 2-83　PL30377469A1 表型性状

表　型	特　征	表　型	数　值
生长型	有限生长	心室数 / 个	2.00 ± 0.00
茎叶茸毛	短稀	单花序花数 / 个	7.00 ± 1.55
叶片着生状态	下垂	叶长 /cm	26.40 ± 2.58
叶片形状	羽状复叶	叶宽 /cm	25.65 ± 3.17
叶裂刻	中	果实横径 /mm	40.38 ± 3.35
花序类型	单式花序	果实纵径 /mm	50.40 ± 5.17
花柱长度	长于雄蕊	单果重 /g	63.50 ± 6.80
果形	卵形	果肉厚 /mm	5.22 ± 0.29
果顶形状	微凹	种子长 /mm	3.62 ± 0.19
果肩形状	平	种子宽 /mm	2.95 ± 0.20
果面棱沟	无	种子厚 /mm	1.16 ± 0.09
果面茸毛	无	50 粒种子重 /mg	148.70 ± 0.04

图 2-82　PL64488511G1

（a）植株；（b）叶片；（c）（g）花；（d）（e）（f）果实；（h）种子

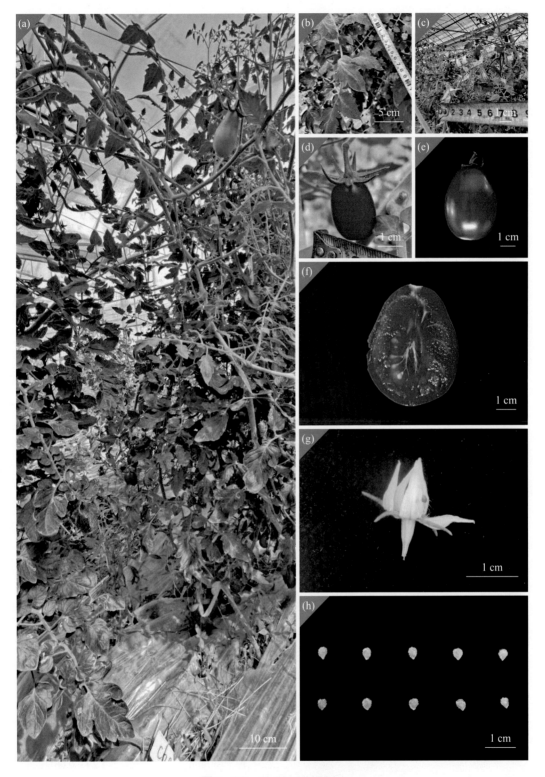

图 2-83　PL30377469A1

（a）植株；（b）叶片；（c）（g）花；（d）（e）（f）果实；（h）种子

表 2-84 G3304611G1 表型性状

表　型	特　征	表　型	数　值
生长型	有限生长	心室数 / 个	3.80 ± 0.75
茎叶茸毛	长稀	单花序花数 / 个	7.40 ± 2.58
叶片着生状态	水平	叶长 /cm	47.00 ± 5.32
叶片形状	羽状复叶	叶宽 /cm	55.17 ± 3.68
叶裂刻	浅	果实横径 /mm	44.60 ± 4.08
花序类型	双歧花序	果实纵径 /mm	45.42 ± 5.83
花柱长度	短于雄蕊	单果重 /g	58.86 ± 8.90
果形	圆形	果肉厚 /mm	4.32 ± 0.58
果顶形状	圆平	种子长 /mm	3.90 ± 0.11
果肩形状	深凹	种子宽 /mm	2.72 ± 0.17
果面棱沟	轻	种子厚 /mm	1.20 ± 0.15
果面茸毛	稀	50 粒种子重 /mg	154.90 ± 0.03

表 2-85 PL63627703G1 表型性状

表　型	特　征	表　型	数　值
生长型	无限生长	心室数 / 个	4.00 ± 1.55
茎叶茸毛	长稀	单花序花数 / 个	8.20 ± 1.33
叶片着生状态	下垂	叶长 /cm	31.73 ± 4.49
叶片形状	羽状复叶	叶宽 /cm	30.00 ± 1.30
叶裂刻	中	果实横径 /mm	45.71 ± 7.40
花序类型	单式花序	果实纵径 /mm	36.73 ± 3.20
花柱长度	短于雄蕊	单果重 /g	46.00 ± 19.47
果形	扁圆	果肉厚 /mm	4.41 ± 0.69
果顶形状	圆平	种子长 /mm	3.40 ± 0.13
果肩形状	微凹	种子宽 /mm	2.68 ± 0.18
果面棱沟	轻	种子厚 /mm	1.29 ± 0.06
果面茸毛	稀	50 粒种子重 /mg	112.10 ± 0.01

图 2-84　G3304611G1

(a)植株;(b)叶片;(c)(g)花;(d)(e)(f)果实;(h)种子

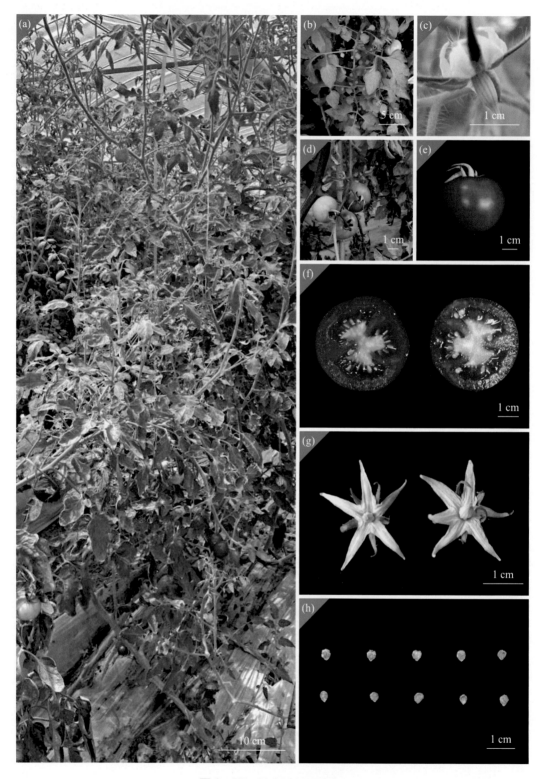

图 2-85　PL63627703G1

（a）植株；（b）叶片；（c）（g）花；（d）（e）（f）果实；（h）种子

表 2-86　G3304711G1 表型性状

表　型	特　征	表　型	数　值
生长型	无限生长	心室数 / 个	11.80 ± 4.71
茎叶茸毛	长密	单花序花数 / 个	7.00 ± 1.55
叶片着生状态	直立	叶长 /cm	57.03 ± 5.34
叶片形状	二回羽状复叶	叶宽 /cm	47.67 ± 4.18
叶裂刻	浅	果实横径 /mm	45.71 ± 7.40
花序类型	多歧花序	果实纵径 /mm	36.73 ± 3.20
花柱长度	与雄蕊近等长	单果重 /g	135.38 ± 78.46
果形	卵形	果肉厚 /mm	4.61 ± 0.84
果顶形状	圆平	种子长 /mm	3.05 ± 0.10
果肩形状	深凹	种子宽 /mm	2.40 ± 0.67
果面棱沟	轻	种子厚 /mm	1.05 ± 0.04
果面茸毛	稀	50 粒种子重 /mg	115.50 ± 0.04

表 2-87　G3304811G1 表型性状

表　型	特　征	表　型	数　值
生长型	无限生长	心室数 / 个	2.00 ± 0.00
茎叶茸毛	长密	单花序花数 / 个	7.20 ± 0.75
叶片着生状态	水平	叶长 /cm	42.10 ± 1.49
叶片形状	羽状复叶	叶宽 /cm	41.27 ± 0.82
叶裂刻	浅	果实横径 /mm	47.09 ± 2.13
花序类型	单式花序	果实纵径 /mm	40.12 ± 1.71
花柱长度	与雄蕊近等长	单果重 /g	54.24 ± 5.09
果形	圆形	果肉厚 /mm	5.89 ± 0.99
果顶形状	圆平	种子长 /mm	3.72 ± 0.18
果肩形状	微凹	种子宽 /mm	2.75 ± 0.32
果面棱沟	轻	种子厚 /mm	1.21 ± 0.12
果面茸毛	稀	50 粒种子重 /mg	148.40 ± 0.02

图 2-86　G3304711G1

（a）植株；（b）叶片；（c）（g）花；（d）（e）（f）果实；（h）种子

表 2-90　PL43887797G1 表型性状

表　型	特　征	表　型	数　值
生长型	有限生长	心室数 / 个	12.00 ± 0.00
茎叶茸毛	长密	单花序花数 / 个	7.00 ± 1.36
叶片着生状态	下垂	叶长 /cm	53.20 ± 8.56
叶片形状	二回羽状复叶	叶宽 /cm	52.93 ± 9.16
叶裂刻	浅	果实横径 /mm	45.69 ± 2.68
花序类型	多歧花序	果实纵径 /mm	81.02 ± 6.97
花柱长度	与雄蕊近等长	单果重 /g	80.52 ± 12.17
果形	梨形	果肉厚 /mm	3.27 ± 0.63
果顶形状	凸尖	种子长 /mm	3.36 ± 0.08
果肩形状	微凹	种子宽 /mm	2.79 ± 0.30
果面棱沟	轻	种子厚 /mm	0.96 ± 0.06
果面茸毛	稀	50 粒种子重 /mg	143.10 ± 0.05

表 2-91　G3303811G1 表型性状

表　型	特　征	表　型	数　值
生长型	无限生长	心室数 / 个	3.40 ± 0.49
茎叶茸毛	长密	单花序花数 / 个	9.20 ± 1.33
叶片着生状态	下垂	叶长 /cm	48.97 ± 1.64
叶片形状	二回羽状复叶	叶宽 /cm	48.93 ± 1.99
叶裂刻	深	果实横径 /mm	48.27 ± 5.06
花序类型	双歧花序	果实纵径 /mm	95.15 ± 14.66
花柱长度	短于雄蕊	单果重 /g	119.38 ± 22.23
果形	牛角椒形	果肉厚 /mm	5.04 ± 1.21
果顶形状	凸尖	种子长 /mm	3.48 ± 0.23
果肩形状	微凹	种子宽 /mm	2.84 ± 0.41
果面棱沟	轻	种子厚 /mm	0.80 ± 0.09
果面茸毛	稀	50 粒种子重 /mg	135.50 ± 0.03

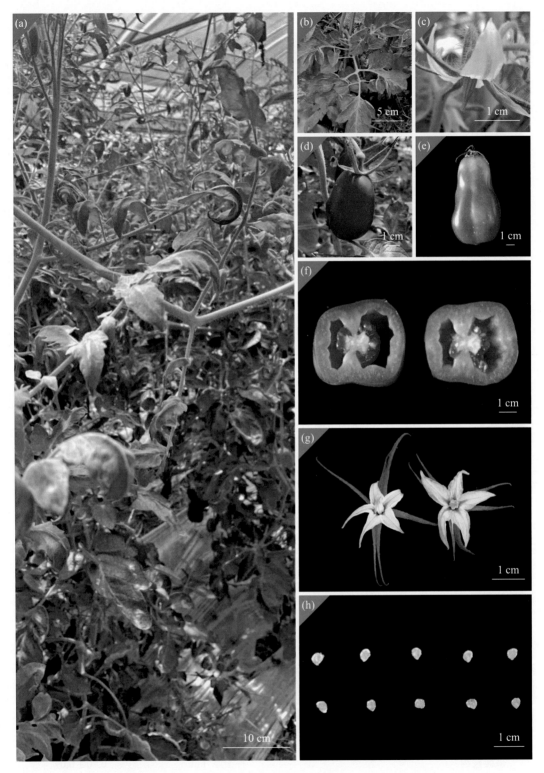

图 2-90　PL43887797G1

（a）植株；（b）叶片；（c）（g）花；（d）（e）（f）果实；（h）种子

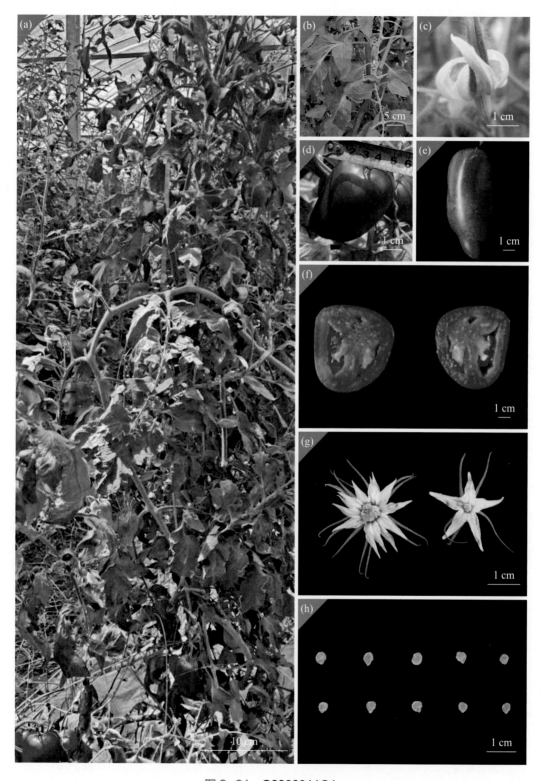

图 2-91　G3303811G1
（a）植株；（b）叶片；（c）（g）花；（d）（e）（f）果实；（h）种子

表 2-92　G3304511G1 表型性状

表　　型	特　　征	表　　型	数　　值
生长型	无限生长	心室数 / 个	5.60 ± 1.62
茎叶茸毛	长稀	单花序花数 / 个	8.80 ± 1.33
叶片着生状态	下垂	叶长 /cm	48.77 ± 2.86
叶片形状	羽状复叶	叶宽 /cm	47.50 ± 1.69
叶裂刻	浅	果实横径 /mm	55.27 ± 4.00
花序类型	多歧花序	果实纵径 /mm	53.46 ± 4.95
花柱长度	与雄蕊近等长	单果重 /g	56.54 ± 15.99
果形	扁圆	果肉厚 /mm	5.21 ± 0.54
果顶形状	圆平	种子长 /mm	3.29 ± 0.18
果肩形状	深凹	种子宽 /mm	2.74 ± 0.31
果面棱沟	中	种子厚 /mm	1.09 ± 0.05
果面茸毛	无	50 粒种子重 /mg	124.90 ± 0.04

表 2-93　G3304011G1 表型性状

表　　型	特　　征	表　　型	数　　值
生长型	无限生长	心室数 / 个	3.00 ± 0.75
茎叶茸毛	长密	单花序花数 / 个	16.20 ± 1.72
叶片着生状态	下垂	叶长 /cm	42.43 ± 5.61
叶片形状	二回羽状复叶	叶宽 /cm	43.43 ± 11.41
叶裂刻	中	果实横径 /mm	74.18 ± 6.26
花序类型	多歧花序	果实纵径 /mm	60.26 ± 7.10
花柱长度	与雄蕊近等长	单果重 /g	187.46 ± 56.40
果形	扁圆	果肉厚 /mm	3.54 ± 0.61
果顶形状	圆平	种子长 /mm	3.83 ± 0.12
果肩形状	深凹	种子宽 /mm	3.30 ± 0.15
果面棱沟	中	种子厚 /mm	1.21 ± 0.07
果面茸毛	中	50 粒种子重 /mg	186.20 ± 0.01

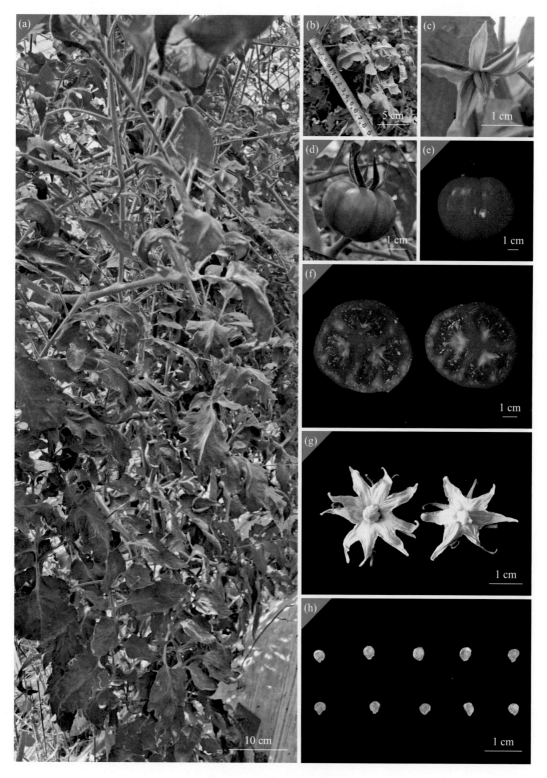

图 2-92　G3304511G1

（a）植株；（b）叶片；（c）（g）花；（d）（e）（f）果实；（h）种子

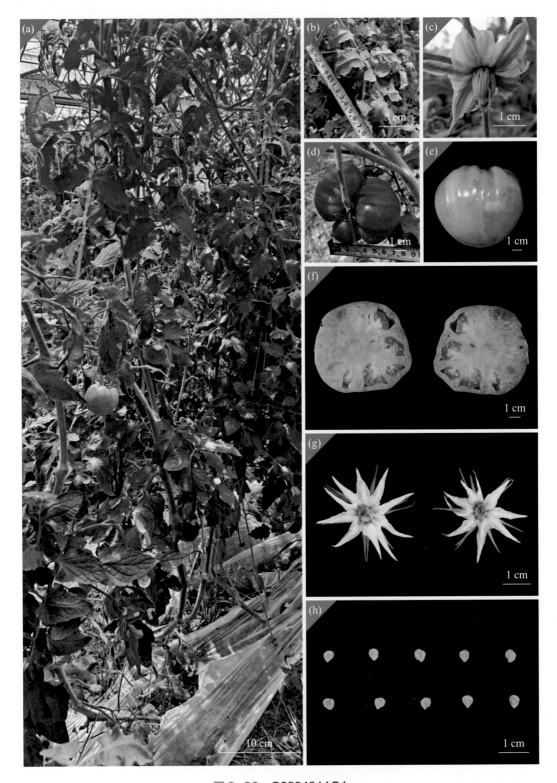

图 2-93　G3304011G1

（a）植株；（b）叶片；（c）（g）花；（d）（e）（f）果实；（h）种子

表 2-94　PL44173997G1 表型性状

表　型	特　征	表　型	数　值
生长型	无限生长	心室数 / 个	2.00 ± 0.00
茎叶茸毛	长密	单花序花数 / 个	9.00 ± 2.61
叶片着生状态	水平	叶长 /cm	41.87 ± 5.35
叶片形状	二回羽状复叶	叶宽 /cm	40.00 ± 5.54
叶裂刻	中	果实横径 /mm	26.34 ± 2.28
花序类型	单式花序	果实纵径 /mm	43.04 ± 2.09
花柱长度	与雄蕊近等长	单果重 /g	16.34 ± 2.88
果形	长圆	果肉厚 /mm	3.39 ± 0.26
果顶形状	微凸	种子长 /mm	3.36 ± 0.22
果肩形状	微凹	种子宽 /mm	3.08 ± 0.21
果面棱沟	轻	种子厚 /mm	1.20 ± 0.11
果面茸毛	稀	50 粒种子重 /mg	143.20 ± 0.04

表 2-95　PL64753397G1 表型性状

表　型	特　征	表　型	数　值
生长型	无限生长	心室数 / 个	2.60 ± 0.49
茎叶茸毛	短密	单花序花数 / 个	9.00 ± 1.67
叶片着生状态	下垂	叶长 /cm	46.53 ± 5.44
叶片形状	二回羽状复叶	叶宽 /cm	33.87 ± 5.17
叶裂刻	中	果实横径 /mm	42.90 ± 6.92
花序类型	单式花序	果实纵径 /mm	101.33 ± 16.94
花柱长度	与雄蕊近等长	单果重 /g	114.80 ± 30.37
果形	长圆	果肉厚 /mm	7.35 ± 1.13
果顶形状	凸尖	种子长 /mm	3.53 ± 0.29
果肩形状	平	种子宽 /mm	2.95 ± 0.19
果面棱沟	轻	种子厚 /mm	0.99 ± 0.09
果面茸毛	稀	50 粒种子重 /mg	145.20 ± 0.06

图 2-94　PL44173997G1

（a）植株；（b）叶片；（c）（g）花；（d）（e）（f）果实；（h）种子

图 2-95　PL64753397G1

（a）植株；（b）叶片；（c）（g）花；（d）（e）（f）果实；（h）种子

表 2-96　G3306311G1 表型性状

表　型	特　征	表　型	数　值
生长型	无限生长	心室数 / 个	5.60 ± 1.85
茎叶茸毛	短密	单花序花数 / 个	6.40 ± 2.06
叶片着生状态	直立	叶长 /cm	60.23 ± 3.31
叶片形状	二回羽状复叶	叶宽 /cm	47.10 ± 3.34
叶裂刻	中	果实横径 /mm	56.78 ± 4.86
花序类型	单式花序	果实纵径 /mm	89.41 ± 9.37
花柱长度	短于雄蕊	单果重 /g	157.90 ± 29.83
果形	长圆	果肉厚 /mm	6.63 ± 1.58
果顶形状	凸尖	种子长 /mm	3.21 ± 0.23
果肩形状	微凹	种子宽 /mm	2.63 ± 0.19
果面棱沟	轻	种子厚 /mm	0.99 ± 0.12
果面茸毛	稀	50 粒种子重 /mg	135.30 ± 0.02

表 2-97　G3307711G1 表型性状

表　型	特　征	表　型	数　值
生长型	无限生长	心室数 / 个	2.40 ± 0.49
茎叶茸毛	长密	单花序花数 / 个	8.00 ± 0.89
叶片着生状态	水平	叶长 /cm	39.23 ± 0.86
叶片形状	羽状复叶	叶宽 /cm	42.27 ± 4.99
叶裂刻	中	果实横径 /mm	33.01 ± 4.24
花序类型	单式花序	果实纵径 /mm	31.36 ± 2.71
花柱长度	与雄蕊近等长	单果重 /g	26.24 ± 5.07
果形	长圆	果肉厚 /mm	5.07 ± 0.99
果顶形状	圆平	种子长 /mm	3.47 ± 0.07
果肩形状	平	种子宽 /mm	2.65 ± 0.07
果面棱沟	无	种子厚 /mm	1.09 ± 0.06
果面茸毛	中	50 粒种子重 /mg	124.80 ± 0.04

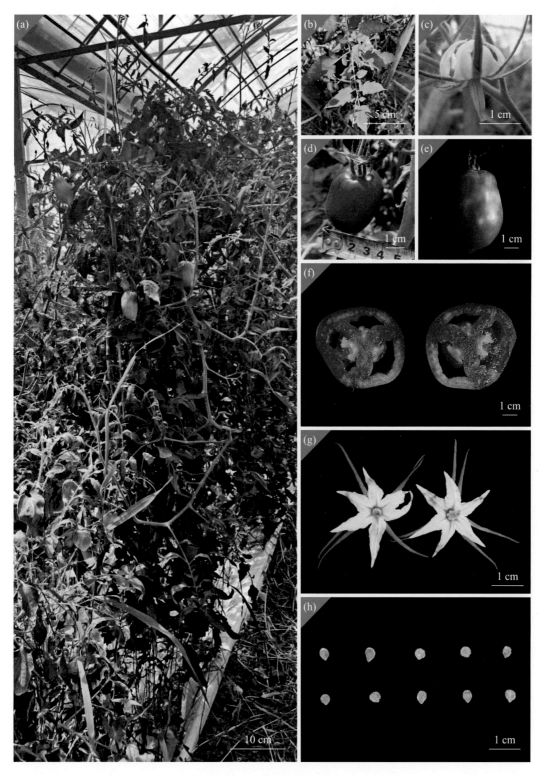

图 2-96　G3306311G1

（a）植株；（b）叶片；（c）（g）花；（d）（e）（f）果实；（h）种子

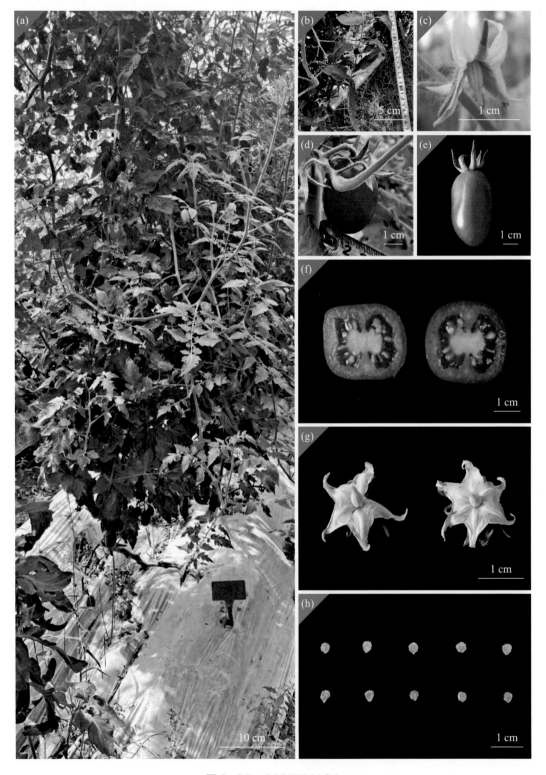

图 2-97　G3307711G1

（a）植株；（b）叶片；（c）（g）花；（d）（e）（f）果实；（h）种子

表 2-98 G3307811G1 表型性状

表 型	特 征	表 型	数 值
生长型	无限生长	心室数 / 个	2.00 ± 0.00
茎叶茸毛	长密	单花序花数 / 个	8.20 ± 0.75
叶片着生状态	下垂	叶长 /cm	53.17 ± 8.04
叶片形状	二回羽状复叶	叶宽 /cm	45.93 ± 12.64
叶裂刻	中	果实横径 /mm	24.83 ± 1.14
花序类型	单式花序	果实纵径 /mm	22.15 ± 1.07
花柱长度	与雄蕊近等长	单果重 /g	6.01 ± 2.15
果形	圆形	果肉厚 /mm	1.62 ± 0.12
果顶形状	圆平	种子长 /mm	3.31 ± 0.53
果肩形状	平	种子宽 /mm	2.49 ± 0.11
果面棱沟	无	种子厚 /mm	1.12 ± 0.14
果面茸毛	中	50 粒种子重 /mg	101.30 ± 0.04

表 2-99 PL30381168A1 表型性状

表 型	特 征	表 型	数 值
生长型	有限生长	心室数 / 个	2.40 ± 0.49
茎叶茸毛	长密	单花序花数 / 个	9.60 ± 1.50
叶片着生状态	直立	叶长 /cm	40.67 ± 1.39
叶片形状	羽状复叶	叶宽 /cm	36.83 ± 2.50
叶裂刻	中	果实横径 /mm	31.12 ± 1.29
花序类型	单式花序	果实纵径 /mm	36.37 ± 2.45
花柱长度	与雄蕊近等长	单果重 /g	20.48 ± 3.69
果形	高圆	果肉厚 /mm	4.55 ± 0.52
果顶形状	圆平	种子长 /mm	2.49 ± 0.18
果肩形状	微凹	种子宽 /mm	3.19 ± 0.05
果面棱沟	轻	种子厚 /mm	1.05 ± 0.07
果面茸毛	稀	50 粒种子重 /mg	145.20 ± 0.01

图 2-98　G3307811G1

（a）植株；（b）叶片；（c）（g）花；（d）（e）（f）果实；（h）种子

图 2-99 PL30381168A1

（a）植株；（b）叶片；（c）（g）花；（d）（e）（f）果实；（h）种子

表 2-100　PL27021263A1 表型性状

表　型	特　征	表　型	数　值
生长型	无限生长	心室数 / 个	6.00 ± 1.26
茎叶茸毛	长密	单花序花数 / 个	8.00 ± 1.41
叶片着生状态	下垂	叶长 /cm	63.63 ± 9.46
叶片形状	二回羽状复叶	叶宽 /cm	54.63 ± 11.94
叶裂刻	深	果实横径 /mm	64.50 ± 8.45
花序类型	双歧花序	果实纵径 /mm	58.56 ± 10.02
花柱长度	短于雄蕊	单果重 /g	147.18 ± 30.92
果形	扁圆	果肉厚 /mm	6.19 ± 0.82
果顶形状	圆平	种子长 /mm	3.39 ± 0.17
果肩形状	深凹	种子宽 /mm	2.11 ± 0.87
果面棱沟	轻	种子厚 /mm	1.07 ± 0.13
果面茸毛	无	50 粒种子重 /mg	131.40 ± 0.02

表 2-101　PL45201897G1 表型性状

表　型	特　征	表　型	数　值
生长型	有限生长	心室数 / 个	6.80 ± 1.47
茎叶茸毛	短密	单花序花数 / 个	9.40 ± 1.02
叶片着生状态	下垂	叶长 /cm	45.67 ± 3.17
叶片形状	二回羽状复叶	叶宽 /cm	46.67 ± 2.01
叶裂刻	中	果实横径 /mm	76.00 ± 4.26
花序类型	单式花序	果实纵径 /mm	60.97 ± 4.80
花柱长度	短于雄蕊	单果重 /g	223.16 ± 42.25
果形	扁圆	果肉厚 /mm	6.47 ± 0.34
果顶形状	微凹	种子长 /mm	3.72 ± 0.21
果肩形状	深凹	种子宽 /mm	3.20 ± 0.41
果面棱沟	中	种子厚 /mm	1.23 ± 0.04
果面茸毛	无	50 粒种子重 /mg	189.90 ± 0.04

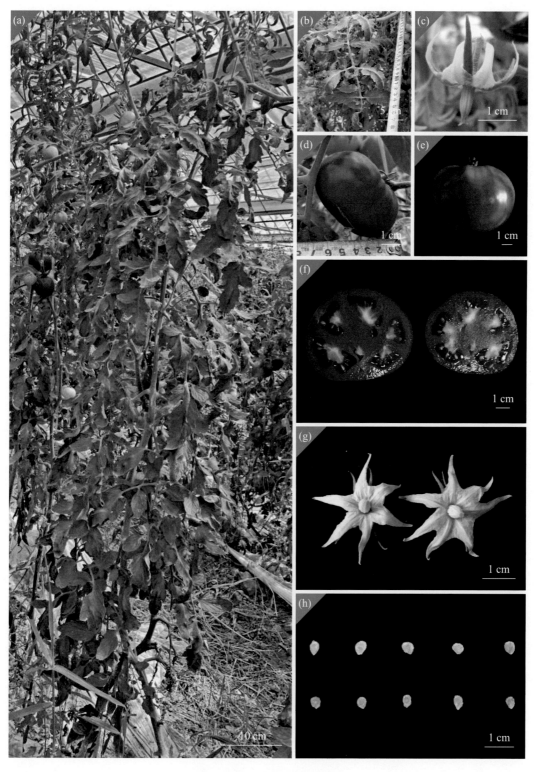

图 2-100　PL27021263A1

（a）植株；（b）叶片；（c）（g）花；（d）（e）（f）果实；（h）种子

图 2-101 PL45201897G1

(a)植株;(b)叶片;(c)(g)花;(d)(e)(f)果实;(h)种子

表 2-102 PL26595597G1 表型性状

表 型	特 征	表 型	数 值
生长型	无限生长	心室数 / 个	6.60 ± 0.80
茎叶茸毛	短密	单花序花数 / 个	7.40 ± 2.73
叶片着生状态	下垂	叶长 /cm	49.97 ± 7.37
叶片形状	二回羽状复叶	叶宽 /cm	55.43 ± 5.66
叶裂刻	深	果实横径 /mm	59.74 ± 6.70
花序类型	单式花序	果实纵径 /mm	52.03 ± 4.04
花柱长度	与雄蕊近等长	单果重 /g	109.30 ± 31.20
果形	扁圆	果肉厚 /mm	5.30 ± 0.83
果顶形状	圆平	种子长 /mm	4.02 ± 0.20
果肩形状	深凹	种子宽 /mm	2.99 ± 0.24
果面棱沟	轻	种子厚 /mm	1.21 ± 0.10
果面茸毛	稀	50 粒种子重 /mg	164.90 ± 0.03

表 2-103 PL27022800G1 表型性状

表 型	特 征	表 型	数 值
生长型	有限生长	心室数 / 个	6.00 ± 0.89
茎叶茸毛	短密	单花序花数 / 个	9.80 ± 3.25
叶片着生状态	下垂	叶长 /cm	43.03 ± 3.74
叶片形状	二回羽状复叶	叶宽 /cm	44.97 ± 4.90
叶裂刻	深	果实横径 /mm	54.32 ± 4.33
花序类型	单式花序	果实纵径 /mm	48.53 ± 2.29
花柱长度	短于雄蕊	单果重 /g	97.82 ± 15.94
果形	扁圆	果肉厚 /mm	4.78 ± 0.88
果顶形状	微凸	种子长 /mm	3.68 ± 0.11
果肩形状	深凹	种子宽 /mm	2.85 ± 0.17
果面棱沟	轻	种子厚 /mm	1.09 ± 0.12
果面茸毛	无	50 粒种子重 /mg	131.20 ± 0.02

图 2-102　PL26595597G1

（a）植株；（b）叶片；（c）（g）花；（d）（e）（f）果实；（h）种子

图 2-103 PL27022800G1

(a) 植株; (b) 叶片; (c) (g) 花; (d) (e) (f) 果实; (h) 种子

表 2-104　PL27023663A1 表型性状

表　型	特　征	表　型	数　值
生长型	无限生长	心室数 / 个	6.80 ± 1.47
茎叶茸毛	长密	单花序花数 / 个	5.80 ± 0.75
叶片着生状态	下垂	叶长 /cm	54.83 ± 8.38
叶片形状	羽状复叶	叶宽 /cm	46.73 ± 0.81
叶裂刻	浅	果实横径 /mm	64.48 ± 4.50
花序类型	单式花序	果实纵径 /mm	53.50 ± 1.10
花柱长度	与雄蕊近等长	单果重 /g	147.06 ± 24.15
果形	扁圆	果肉厚 /mm	6.18 ± 1.97
果顶形状	圆平	种子长 /mm	3.99 ± 0.22
果肩形状	深凹	种子宽 /mm	3.12 ± 0.16
果面棱沟	轻	种子厚 /mm	1.22 ± 0.13
果面茸毛	无	50 粒种子重 /mg	184.60 ± 0.04

表 2-105　PL27023999G1 表型性状

表　型	特　征	表　型	数　值
生长型	无限生长	心室数 / 个	6.40 ± 1.02
茎叶茸毛	长稀	单花序花数 / 个	6.20 ± 0.98
叶片着生状态	水平	叶长 /cm	53.60 ± 1.77
叶片形状	羽状复叶	叶宽 /cm	43.67 ± 3.21
叶裂刻	中	果实横径 /mm	63.95 ± 5.94
花序类型	单式花序	果实纵径 /mm	52.42 ± 5.91
花柱长度	短于雄蕊	单果重 /g	141.86 ± 31.48
果形	扁圆	果肉厚 /mm	6.36 ± 0.47
果顶形状	圆平	种子长 /mm	3.42 ± 0.22
果肩形状	深凹	种子宽 /mm	2.83 ± 0.10
果面棱沟	轻	种子厚 /mm	1.13 ± 0.05
果面茸毛	无	50 粒种子重 /mg	149.50 ± 0.02

图 2-104　PL27023663A1

（a）植株；（b）叶片；（c）（g）花；（d）（e）（f）果实；（h）种子

图 2-105　PL27023999G1
（a）植株；（b）叶片；（c）（g）花；（d）（e）（f）果实；（h）种子

表 2-106　PL27024963A1 表型性状

表　型	特　征	表　型	数　值
生长型	无限生长	心室数 / 个	6.00 ± 0.63
茎叶茸毛	短密	单花序花数 / 个	6.80 ± 0.75
叶片着生状态	直立	叶长 /cm	46.97 ± 8.28
叶片形状	二回羽状复叶	叶宽 /cm	44.60 ± 7.05
叶裂刻	中	果实横径 /mm	62.69 ± 5.97
花序类型	单式花序	果实纵径 /mm	58.99 ± 7.94
花柱长度	与雄蕊近等长	单果重 /g	152.10 ± 43.85
果形	扁圆	果肉厚 /mm	7.07 ± 0.45
果顶形状	圆平	种子长 /mm	3.63 ± 0.25
果肩形状	深凹	种子宽 /mm	2.79 ± 0.20
果面棱沟	轻	种子厚 /mm	1.06 ± 0.10
果面茸毛	无	50 粒种子重 /mg	129.30 ± 0.04

表 2-107　PL27956562G1 表型性状

表　型	特　征	表　型	数　值
生长型	无限生长	心室数 / 个	5.60 ± 0.49
茎叶茸毛	长稀	单花序花数 / 个	5.80 ± 1.33
叶片着生状态	水平	叶长 /cm	46.97 ± 8.28
叶片形状	羽状复叶	叶宽 /cm	44.60 ± 7.05
叶裂刻	中	果实横径 /mm	62.85 ± 9.99
花序类型	单式花序	果实纵径 /mm	52.90 ± 10.40
花柱长度	短于雄蕊	单果重 /g	152.10 ± 43.85
果形	扁圆	果肉厚 /mm	5.69 ± 1.18
果顶形状	圆平	种子长 /mm	3.58 ± 0.36
果肩形状	深凹	种子宽 /mm	2.68 ± 0.23
果面棱沟	轻	种子厚 /mm	1.13 ± 0.10
果面茸毛	无	50 粒种子重 /mg	145.40 ± 0.06

图 2-106　PL27024963A1

（a）植株；（b）叶片；（c）（g）花；（d）（e）（f）果实；（h）种子

图 2-107 PL27956562G1

（a）植株；（b）叶片；（c）（g）花；（d）（e）（f）果实；（h）种子

表 2-108　PL30374965A1 表型性状

表　型	特　征	表　型	数　值
生长型	无限生长	心室数 / 个	7.60 ± 0.50
茎叶茸毛	长稀	单花序花数 / 个	7.00 ± 0.63
叶片着生状态	下垂	叶长 /cm	49.37 ± 12.09
叶片形状	二回羽状复叶	叶宽 /cm	42.10 ± 11.26
叶裂刻	深	果实横径 /mm	67.65 ± 9.85
花序类型	单式花序	果实纵径 /mm	50.32 ± 5.65
花柱长度	与雄蕊近等长	单果重 /g	130.66 ± 62.38
果形	扁圆	果肉厚 /mm	4.73 ± 1.14
果顶形状	圆平	种子长 /mm	3.43 ± 0.30
果肩形状	深凹	种子宽 /mm	2.68 ± 0.23
果面棱沟	中	种子厚 /mm	1.06 ± 0.10
果面茸毛	无	50 粒种子重 /mg	129.30 ± 0.04

表 2-109　PL30967272A1 表型性状

表　型	特　征	表　型	数　值
生长型	有限生长	心室数 / 个	5.80 ± 2.48
茎叶茸毛	长密	单花序花数 / 个	7.80 ± 2.40
叶片着生状态	下垂	叶长 /cm	47.50 ± 0.60
叶片形状	二回羽状复叶	叶宽 /cm	43.87 ± 4.66
叶裂刻	浅	果实横径 /mm	61.87 ± 6.73
花序类型	单式花序	果实纵径 /mm	52.41 ± 3.87
花柱长度	与雄蕊近等长	单果重 /g	102.10 ± 33.83
果形	圆平	果肉厚 /mm	4.73 ± 0.72
果顶形状	深凹	种子长 /mm	3.58 ± 0.22
果肩形状	微凹	种子宽 /mm	2.81 ± 0.21
界面棱沟	无	种子厚 /mm	0.97 ± 0.02
界面茸毛	无	50 粒种子重 /mg	137.8 ± 0.22

图 2-108　PL30374965A1

（a）植株；（b）叶片；（c）（g）花；（d）（e）（f）果实；（h）种子

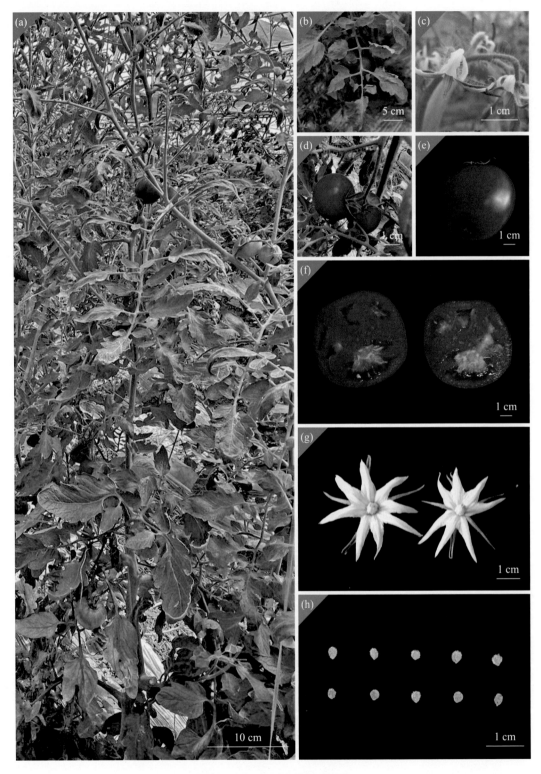

图 2-109　PL30967272A1
（a）植株；（b）叶片；（c）（g）花；（d）（e）（f）果实；（h）种子

表 2-110 G3300811G1 表型性状

表 型	特 征	表 型	数 值
生长型	有限生长	心室数 / 个	6.80 ± 1.72
茎叶茸毛	短密	单花序花数 / 个	7.40 ± 2.33
叶片着生状态	水平	叶长 /cm	42.63 ± 4.86
叶片形状	二回羽状复叶	叶宽 /cm	40.80 ± 4.55
叶裂刻	中	果实横径 /mm	60.28 ± 3.26
花序类型	单式花序	果实纵径 /mm	45.28 ± 3.21
花柱长度	与雄蕊近等长	单果重 /g	95.62 ± 14.01
果形	扁圆	果肉厚 /mm	4.23 ± 1.41
果顶形状	圆平	种子长 /mm	3.22 ± 0.24
果肩形状	微凹	种子宽 /mm	2.75 ± 0.19
界面棱沟	轻	种子厚 /mm	1.02 ± 0.07
界面茸毛	稀	50 粒种子重 /mg	124.80 ± 0.03

表 2-111 PL30966981A1 表型性状

表 型	特 征	表 型	数 值
生长型	无限生长	心室数 / 个	6.40 ± 1.02
茎叶茸毛	短密	单花序花数 / 个	7.80 ± 1.17
叶片着生状态	直立	叶长 /cm	50.10 ± 4.96
叶片形状	羽状复叶	叶宽 /cm	38.33 ± 5.56
叶裂刻	中	果实横径 /mm	62.50 ± 6.90
花序类型	多歧花序	果实纵径 /mm	49.89 ± 4.05
花柱长度	与雄蕊近等长	单果重 /g	124.68 ± 42.10
果形	圆形	果肉厚 /mm	4.64 ± 0.55
果顶形状	圆平	种子长 /mm	3.61 ± 0.40
果肩形状	深凹	种子宽 /mm	2.61 ± 0.42
界面棱沟	浅	种子厚 /mm	1.01 ± 0.12
界面茸毛	轻	50 粒种子重 /mg	148.35 ± 0.05

图 2-110　G3300811G1
（a）植株；（b）叶片；（c）（g）花；（d）（e）（f）果实；（h）种子

图 2-111 PL30966981A1

（a）植株；（b）叶片；（c）（g）花；（d）（e）（f）果实；（h）种子

表 2-112　PL33991470A1 表型性状

表　型	特　征	表　型	数　值
生长型	有限生长	心室数 / 个	6.80 ± 3.71
茎叶茸毛	短密	单花序花数 / 个	10.60 ± 1.62
叶片着生状态	水平	叶长 /cm	44.23 ± 2.60
叶片形状	羽状复叶	叶宽 /cm	47.67 ± 5.43
叶裂刻	浅	果实横径 /mm	48.38 ± 9.15
花序类型	单式花序	果实纵径 /mm	40.18 ± 6.92
花柱长度	短于雄蕊	单果重 /g	58.08 ± 13.95
果形	扁平	果肉厚 /mm	4.05 ± 1.22
果顶形状	微凹	种子长 /mm	4.19 ± 0.38
果肩形状	微凹	种子宽 /mm	2.97 ± 0.39
界面棱沟	轻	种子厚 /mm	0.97 ± 0.13
界面茸毛	稀	50 粒种子重 /mg	148.50 ± 0.02

表 2-113　PL34112498G1 表型性状

表　型	特　征	表　型	数　值
生长型	有限生长	心室数 / 个	5.60 ± 1.36
茎叶茸毛	短密	单花序花数 / 个	8.20 ± 2.79
叶片着生状态	水平	叶长 /cm	36.30 ± 6.25
叶片形状	二回羽状复叶	叶宽 /cm	29.27 ± 7.84
叶裂刻	中	果实横径 /mm	58.35 ± 3.81
花序类型	单式花序	果实纵径 /mm	64.27 ± 3.14
花柱长度	与雄蕊近等长	单果重 /g	130.54 ± 21.45
果形	高圆	果肉厚 /mm	5.63 ± 0.83
果顶形状	深凹	种子长 /mm	3.90 ± 0.18
果肩形状	深凹	种子宽 /mm	3.20 ± 0.30
界面棱沟	轻	种子厚 /mm	1.01 ± 0.09
界面茸毛	无	50 粒种子重 /mg	165.00 ± 0.03

图 2-112 PL33991470A1

（a）植株；（b）叶片；（c）（g）花；（d）（e）（f）果实；（h）种子

图 2-113　PL34112498G1

（a）植株；（b）叶片；（c）（g）花；（d）（e）（f）果实；（h）种子

表 2-114　PL34113296G1 表型性状

表　型	特　征	表　型	数　值
生长型	无限生长	心室数 / 个	7.40 ± 1.20
茎叶茸毛	短密	单花序花数 / 个	5.40 ± 1.02
叶片着生状态	水平	叶长 /cm	39.13 ± 1.55
叶片形状	二回羽状复叶	叶宽 /cm	49.17 ± 6.05
叶裂刻	深	果实横径 /mm	67.62 ± 5.72
花序类型	单式花序	果实纵径 /mm	55.03 ± 6.04
花柱长度	与雄蕊近等长	单果重 /g	158.96 ± 32.44
果形	扁平	果肉厚 /mm	4.43 ± 1.53
果顶形状	微凹	种子长 /mm	3.73 ± 0.24
果肩形状	微凹	种子宽 /mm	2.72 ± 0.16
界面棱沟	中	种子厚 /mm	0.98 ± 0.07
界面茸毛	中	50 粒种子重 /mg	148.60 ± 0.01

表 2-115　PL34113396G1 表型性状

表　型	特　征	表　型	数　值
生长型	有限生长	心室数 / 个	5.80 ± 0.75
茎叶茸毛	短密	单花序花数 / 个	6.80 ± 1.17
叶片着生状态	直立	叶长 /cm	44.90 ± 6.93
叶片形状	羽状复叶	叶宽 /cm	42.67 ± 7.62
叶裂刻	浅	果实横径 /mm	56.49 ± 8.91
花序类型	单式花序	果实纵径 /mm	55.72 ± 6.71
花柱长度	与雄蕊近等长	单果重 /g	86.84 ± 29.18
果形	扁圆	果肉厚 /mm	6.24 ± 1.84
果顶形状	圆平	种子长 /mm	3.73 ± 0.41
果肩形状	微凹	种子宽 /mm	2.80 ± 0.10
界面棱沟	轻	种子厚 /mm	0.79 ± 0.07
界面茸毛	无	50 粒种子重 /mg	145.20 ± 0.04

图 2-114　PL34113296G1
（a）植株；（b）叶片；（c）（g）花；（d）（e）（f）果实；（h）种子

图 2-115　PL34113396G1

（a）植株；（b）叶片；（c）（g）花；（d）（e）（f）果实；（h）种子

表 2-116　PL37009111A1 表型性状

表　型	特　征	表　型	数　值
生长型	有限生长	心室数 / 个	7.00 ± 2.28
茎叶茸毛	短稀	单花序花数 / 个	6.20 ± 2.14
叶片着生状态	下垂	叶长 /cm	46.37 ± 5.33
叶片形状	二回羽状复叶	叶宽 /cm	43.63 ± 12.42
叶裂刻	浅	果实横径 /mm	58.90 ± 5.31
花序类型	双歧花序	果实纵径 /mm	52.84 ± 3.79
花柱长度	短于雄蕊	单果重 /g	109.92 ± 26.38
果形	高圆	果肉厚 /mm	4.64 ± 0.56
果顶形状	微凹	种子长 /mm	3.19 ± 0.08
果肩形状	深凹	种子宽 /mm	2.40 ± 0.15
界面棱沟	无	种子厚 /mm	0.97 ± 0.05
界面茸毛	无	50 粒种子重 /mg	129.60 ± 0.03

表 2-117　PL64521411G1 表型性状

表　型	特　征	表　型	数　值
生长型	无限生长	心室数 / 个	5.80 ± 1.83
茎叶茸毛	长稀	单花序花数 / 个	6.00 ± 2.10
叶片着生状态	水平	叶长 /cm	51.90 ± 6.92
叶片形状	二回羽状复叶	叶宽 /cm	48.37 ± 2.01
叶裂刻	浅	果实横径 /mm	68.52 ± 5.42
花序类型	单式花序	果实纵径 /mm	54.58 ± 5.29
花柱长度	与雄蕊近等长	单果重 /g	149.74 ± 27.78
果形	扁圆	果肉厚 /mm	6.75 ± 0.47
果顶形状	圆平	种子长 /mm	3.62 ± 0.27
果肩形状	深凹	种子宽 /mm	2.54 ± 0.35
界面棱沟	轻	种子厚 /mm	0.93 ± 0.05
界面茸毛	无	50 粒种子重 /mg	148.90 ± 0.02

图 2-116　PL37009111A1

（a）植株；（b）叶片；（c）（g）花；（d）（e）（f）果实；（h）种子

图 2-117　PL64521411G1
（a）植株；（b）叶片；（c）（g）花；（d）（e）（f）果实；（h）种子

表 2-118 PL64536111G1 表型性状

表 型	特 征	表 型	数 值
生长型	有限生长	心室数 / 个	4.80 ± 1.72
茎叶茸毛	短密	单花序花数 / 个	6.60 ± 0.49
叶片着生状态	直立	叶长 /cm	43.23 ± 2.09
叶片形状	二回羽状复叶	叶宽 /cm	47.37 ± 7.96
叶裂刻	中	果实横径 /mm	57.51 ± 3.83
花序类型	单式花序	果实纵径 /mm	50.08 ± 4.28
花柱长度	与雄蕊近等长	单果重 /g	99.86 ± 18.17
果形	扁圆	果肉厚 /mm	5.20 ± 0.80
果顶形状	圆平	种子长 /mm	3.89 ± 0.24
果肩形状	深凹	种子宽 /mm	2.78 ± 0.19
界面棱沟	轻	种子厚 /mm	0.88 ± 0.11
界面茸毛	稀	50 粒种子重 /mg	147.80 ± 0.03

表 2-119 PL64712284A1 表型性状

表 型	特 征	表 型	数 值
生长型	无限生长	心室数 / 个	6.40 ± 1.74
茎叶茸毛	短稀	单花序花数 / 个	9.00 ± 1.41
叶片着生状态	水平	叶长 /cm	43.97 ± 6.01
叶片形状	二回羽状复叶	叶宽 /cm	36.37 ± 8.04
叶裂刻	深	果实横径 /mm	59.87 ± 7.03
花序类型	单式花序	果实纵径 /mm	47.64 ± 5.57
花柱长度	短于雄蕊	单果重 /g	111.8 ± 27.38
果形	扁平	果肉厚 /mm	4.16 ± 1.51
果顶形状	圆平	种子长 /mm	3.55 ± 0.28
果肩形状	深凹	种子宽 /mm	2.67 ± 0.32
界面棱沟	中	种子厚 /mm	0.76 ± 0.21
界面茸毛	无	50 粒种子重 /mg	116.20 ± 0.04

图 2-118　PL64536111G1
（a）植株；（b）叶片；（c）（g）花；（d）（e）（f）果实；（h）种子

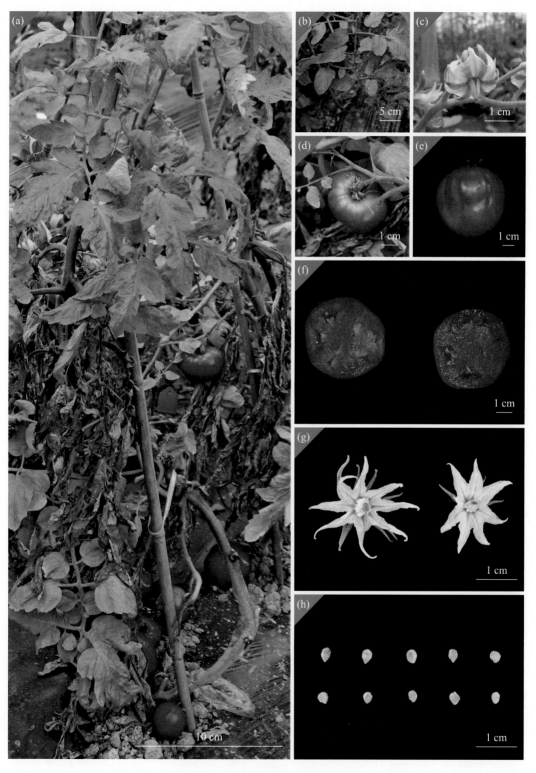

图 2-119　PL64712284A1

（a）植株；（b）叶片；（c）（g）花；（d）（e）（f）果实；（h）种子

表 2-120　PL45196797G1 表型性状

表　型	特　征	表　型	数　值
生长型	有限生长	心室数 / 个	3.80 ± 1.17
茎叶茸毛	短密	单花序花数 / 个	9.20 ± 2.64
叶片着生状态	水平	叶长 /cm	29.53 ± 6.29
叶片形状	羽状复叶	叶宽 /cm	33.63 ± 13.01
叶裂刻	浅	果实横径 /mm	48.03 ± 5.28
花序类型	多歧花序	果实纵径 /mm	40.53 ± 4.11
花柱长度	短于雄蕊	单果重 /g	58.57 ± 15.93
果形	圆形	果肉厚 /mm	5.78 ± 0.69
果顶形状	圆平	种子长 /mm	3.64 ± 0.19
果肩形状	微凹	种子宽 /mm	2.96 ± 0.34
界面棱沟	无	种子厚 /mm	0.89 ± 0.12
界面茸毛	无	50 粒种子重 /mg	120.20 ± 0.01

表 2-121　PL4519707G1 表型性状

表　型	特　征	表　型	数　值
生长型	有限生长	心室数 / 个	6.00 ± 1.67
茎叶茸毛	短密	单花序花数 / 个	8.80 ± 1.33
叶片着生状态	直立	叶长 /cm	40.23 ± 3.11
叶片形状	二回羽状复叶	叶宽 /cm	37.10 ± 1.28
叶裂刻	浅	果实横径 /mm	59.36 ± 7.48
花序类型	单式花序	果实纵径 /mm	51.36 ± 4.60
花柱长度	与雄蕊近等长	单果重 /g	116.6 ± 51.61
果形	扁圆	果肉厚 /mm	4.37 ± 0.72
果顶形状	圆平	种子长 /mm	3.81 ± 0.11
果肩形状	微凹	种子宽 /mm	3.12 ± 0.33
界面棱沟	轻	种子厚 /mm	1.09 ± 0.19
界面茸毛	无	50 粒种子重 /mg	150.90 ± 0.04

图 2-120　PL45196797G1
（a）植株；（b）叶片；（c）（g）花；（d）（e）（f）果实；（h）种子

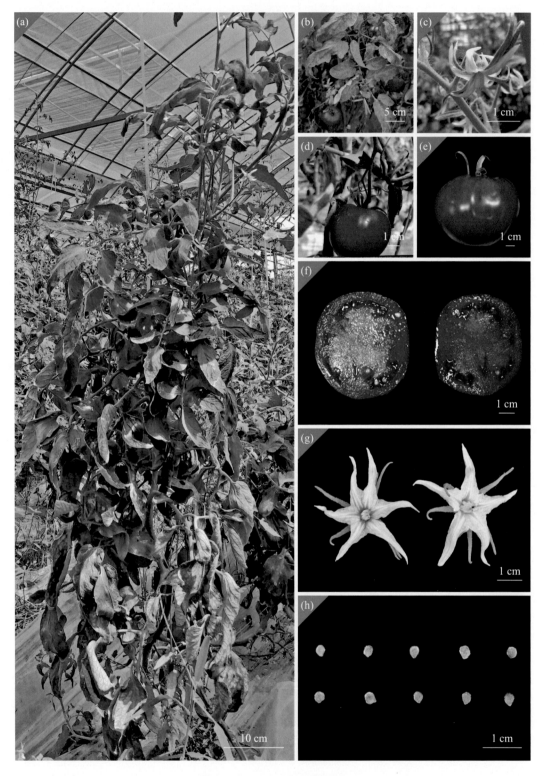

图 2-121　PL4519707G1

（a）植株；（b）叶片；（c）（g）花；（d）（e）（f）果实；（h）种子

表 2-122　PL63630203G1 表型性状

表　型	特　征	表　型	数　值
生长型	有限生长	心室数 / 个	6.60 ± 0.80
茎叶茸毛	短稀	单花序花数 / 个	7.60 ± 1.02
叶片着生状态	水平	叶长 /cm	45.47 ± 2.50
叶片形状	羽状复叶	叶宽 /cm	47.40 ± 9.10
叶裂刻	浅	果实横径 /mm	58.32 ± 4.36
花序类型	单式花序	果实纵径 /mm	66.41 ± 7.40
花柱长度	与雄蕊近等长	单果重 /g	140.54 ± 37.11
果形	扁圆	果肉厚 /mm	4.67 ± 0.74
果顶形状	圆平	种子长 /mm	3.57 ± 0.16
果肩形状	深凹	种子宽 /mm	2.63 ± 0.06
界面棱沟	轻	种子厚 /mm	0.62 ± 0.05
界面茸毛	无	50 粒种子重 /mg	132.20 ± 0.02

表 2-123　PL63851396G1 表型性状

表　型	特　征	表　型	数　值
生长型	有限生长	心室数 / 个	4.40 ± 0.80
茎叶茸毛	短稀	单花序花数 / 个	7.00 ± 1.90
叶片着生状态	下垂	叶长 /cm	30.70 ± 4.74
叶片形状	二回羽状复叶	叶宽 /cm	27.03 ± 0.60
叶裂刻	浅	果实横径 /mm	53.54 ± 3.47
花序类型	单式花序	果实纵径 /mm	47.07 ± 1.80
花柱长度	与雄蕊近等长	单果重 /g	79.72 ± 13.23
果形	圆形	果肉厚 /mm	5.35 ± 0.63
果顶形状	圆平	种子长 /mm	4.18 ± 0.35
果肩形状	微凹	种子宽 /mm	2.52 ± 0.08
界面棱沟	轻	种子厚 /mm	1.16 ± 0.02
界面茸毛	无	50 粒种子重 /mg	143.90 ± 0.03

图 2-122　PL63630203G1

（a）植株；（b）叶片；（c）（g）花；（d）（e）（f）果实；（h）种子

图 2-123 PL63851396G1
（a）植株；（b）叶片；（c）（g）花；（d）（e）（f）果实；（h）种子

表 2-124　PL64537011G1 表型性状

表　型	特　征	表　型	数　值
生长型	有限生长	心室数 / 个	6.40 ± 0.80
茎叶茸毛	短密	单花序花数 / 个	5.00 ± 1.10
叶片着生状态	水平	叶长 /cm	44.37 ± 7.82
叶片形状	羽状复叶	叶宽 /cm	32.63 ± 0.98
叶裂刻	浅	果实横径 /mm	59.74 ± 3.88
花序类型	单式花序	果实纵径 /mm	46.00 ± 3.08
花柱长度	与雄蕊近等长	单果重 /g	106.88 ± 19.72
果形	圆形	果肉厚 /mm	4.10 ± 0.42
果顶形状	圆平	种子长 /mm	3.80 ± 0.38
果肩形状	深凹	种子宽 /mm	3.03 ± 0.16
界面棱沟	轻	种子厚 /mm	1.08 ± 0.14
界面茸毛	无	50 粒种子重 /mg	177.80 ± 0.02

表 2-125　PL64538910G1 表型性状

表　型	特　征	表　型	数　值
生长型	有限生长	心室数 / 个	2.00 ± 0.00
茎叶茸毛	短密	单花序花数 / 个	6.40 ± 0.49
叶片着生状态	水平	叶长 /cm	41.47 ± 4.59
叶片形状	二回羽状复叶	叶宽 /cm	51.10 ± 8.96
叶裂刻	浅	果实横径 /mm	40.40 ± 2.67
花序类型	单式花序	果实纵径 /mm	47.47 ± 3.54
花柱长度	与雄蕊近等长	单果重 /g	47.24 ± 5.74
果形	长圆	果肉厚 /mm	5.45 ± 0.56
果顶形状	圆平	种子长 /mm	3.39 ± 0.46
果肩形状	微凹	种子宽 /mm	2.78 ± 0.31
界面棱沟	无	种子厚 /mm	1.00 ± 0.10
界面茸毛	稀	50 粒种子重 /mg	147.70 ± 0.01

图 2-124　PL64537011G1

（a）植株；（b）叶片；（c）（g）花；（d）（e）（f）果实；（h）种子

图 2-125　PL64538910G1

（a）植株；（b）叶片；（c）（g）花；（d）（e）（f）果实；（h）种子

表 2-126 PL64539009G1 表型性状

表型	特征	表型	数值
生长型	有限生长	心室数 / 个	2.80 ± 0.98
茎叶茸毛	短稀	单花序花数 / 个	9.00 ± 1.41
叶片着生状态	水平	叶长 /cm	41.83 ± 1.25
叶片形状	羽状复叶	叶宽 /cm	35.23 ± 5.65
叶裂刻	无	果实横径 /mm	39.56 ± 2.05
花序类型	单式花序	果实纵径 /mm	42.45 ± 4.50
花柱长度	与雄蕊近等长	单果重 /g	53.56 ± 16.51
果形	高圆	果肉厚 /mm	6.01 ± 0.52
果顶形状	微凸	种子长 /mm	3.43 ± 0.14
果肩形状	平	种子宽 /mm	2.62 ± 0.10
界面棱沟	无	种子厚 /mm	0.68 ± 0.14
界面茸毛	无	50 粒种子重 /mg	153.20 ± 0.06

表 2-127 PL64539109G1 表型性状

表型	特征	表型	数值
生长型	有限生长	心室数 / 个	3.40 ± 0.80
茎叶茸毛	短稀	单花序花数 / 个	7.80 ± 1.94
叶片着生状态	水平	叶长 /cm	36.57 ± 2.50
叶片形状	羽状复叶	叶宽 /cm	37.77 ± 4.53
叶裂刻	浅	果实横径 /mm	55.82 ± 8.50
花序类型	双歧花序	果实纵径 /mm	45.61 ± 4.10
花柱长度	短于雄蕊	单果重 /g	89.59 ± 36.18
果形	桃形	果肉厚 /mm	4.49 ± 0.41
果顶形状	微凸	种子长 /mm	3.58 ± 0.30
果肩形状	微凹	种子宽 /mm	2.69 ± 0.15
界面棱沟	轻	种子厚 /mm	1.09 ± 0.12
界面茸毛	稀	50 粒种子重 /mg	127.50 ± 0.04

图2-126　PL64539009G1

（a）植株；（b）叶片；（c）（g）花；（d）（e）（f）果实；（h）种子

图 2-127　PL64539109G1

（a）植株；（b）叶片；（c）（g）花；（d）（e）（f）果实；（h）种子

表 2-128　PL64539811G1 表型性状

表　型	特　征	表　型	数　值
生长型	有限生长	心室数 / 个	8.40 ± 1.62
茎叶茸毛	短密	单花序花数 / 个	6.80 ± 1.17
叶片着生状态	水平	叶长 /cm	41.77 ± 3.69
叶片形状	羽状复叶	叶宽 /cm	48.87 ± 3.58
叶裂刻	中	果实横径 /mm	55.84 ± 8.82
花序类型	单式花序	果实纵径 /mm	44.31 ± 6.38
花柱长度	与雄蕊近等长	单果重 /g	106.98 ± 39.47
果形	扁圆	果肉厚 /mm	4.12 ± 0.46
果顶形状	圆平	种子长 /mm	3.31 ± 0.38
果肩形状	深凹	种子宽 /mm	2.36 ± 0.30
界面棱沟	轻	种子厚 /mm	0.88 ± 0.16
界面茸毛	无	50 粒种子重 /mg	72.50 ± 0.02

表 2-129　PL64731698G1 表型性状

表　型	特　征	表　型	数　值
生长型	无限生长	心室数 / 个	11.00 ± 2.76
茎叶茸毛	短密	单花序花数 / 个	5.60 ± 2.06
叶片着生状态	水平	叶长 /cm	41.97 ± 0.74
叶片形状	二回羽状复叶	叶宽 /cm	36.90 ± 3.48
叶裂刻	浅	果实横径 /mm	175.24 ± 106.46
花序类型	多歧花序	果实纵径 /mm	150.93 ± 102.85
花柱长度	与雄蕊近等长	单果重 /g	99.86 ± 18.17
果形	扁平	果肉厚 /mm	5.20 ± 0.80
果顶形状	微凹	种子长 /mm	3.79 ± 0.31
果肩形状	深凹	种子宽 /mm	3.16 ± 0.26
界面棱沟	中	种子厚 /mm	0.66 ± 0.05
界面茸毛	无	50 粒种子重 /mg	198.10 ± 0.03

图 2-128　PL64539811G1
（a）植株；（b）叶片；（c）（g）花；（d）（e）（f）果实；（h）种子

图 2-129　PL64731698G1

（a）植株；（b）叶片；（c）（g）花；（d）（e）（f）果实；（h）种子

表 2-130 PL60090611G1 表型性状

表 型	特 征	表 型	数 值
生长型	有限生长	心室数 / 个	6.00 ± 2.28
茎叶茸毛	长密	单花序花数 / 个	6.00 ± 1.41
叶片着生状态	水平	叶长 /cm	41.20 ± 0.86
叶片形状	二回羽状复叶	叶宽 /cm	39.67 ± 2.45
叶裂刻	浅	果实横径 /mm	71.16 ± 11.50
花序类型	双歧花序	果实纵径 /mm	57.05 ± 5.90
花柱长度	与雄蕊近等长	单果重 /g	188.72 ± 70.77
果形	扁圆	果肉厚 /mm	6.11 ± 1.11
果顶形状	圆平	种子长 /mm	3.93 ± 0.29
果肩形状	微凹	种子宽 /mm	2.96 ± 0.22
界面棱沟	无	种子厚 /mm	1.07 ± 0.07
界面茸毛	稀	50 粒种子重 /mg	168.30 ± 0.03

表 2-131 PL60090711G1 表型性状

表 型	特 征	表 型	数 值
生长型	有限生长	心室数 / 个	6.60 ± 1.36
茎叶茸毛	短密	单花序花数 / 个	6.00 ± 2.00
叶片着生状态	水平	叶长 /cm	34.00 ± 3.47
叶片形状	二回羽状复叶	叶宽 /cm	42.27 ± 7.80
叶裂刻	浅	果实横径 /mm	63.91 ± 6.01
花序类型	单式花序	果实纵径 /mm	51.38 ± 4.19
花柱长度	短于雄蕊	单果重 /g	154.78 ± 29.99
果形	扁圆	果肉厚 /mm	5.55 ± 0.67
果顶形状	圆平	种子长 /mm	3.55 ± 0.34
果肩形状	深凹	种子宽 /mm	2.84 ± 0.27
界面棱沟	轻	种子厚 /mm	0.71 ± 0.17
界面茸毛	稀	50 粒种子重 /mg	156.50 ± 0.04

图 2-130　PL60090611G1

（a）植株；（b）叶片；（c）（g）花；（d）（e）（f）果实；（h）种子

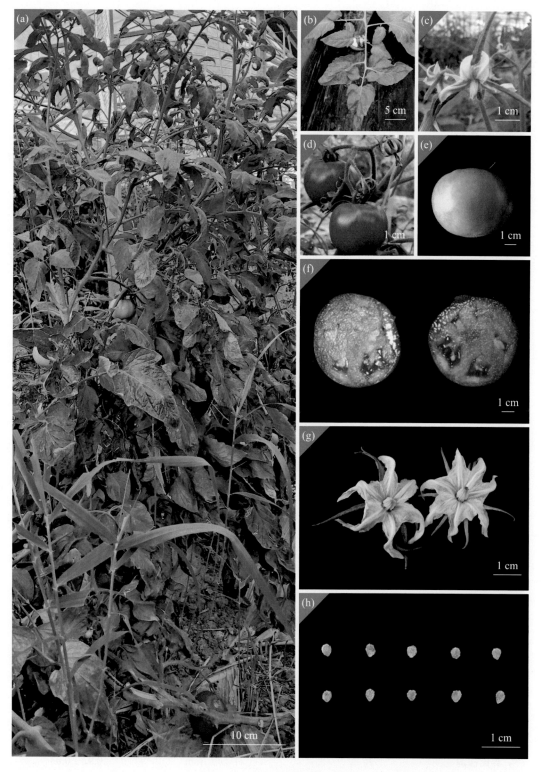

图 2-131　PL60090711G1

（a）植株；（b）叶片；（c）（g）花；（d）（e）（f）果实；（h）种子

表 2-132　PL60092006G1 表型性状

表　型	特　征	表　型	数　值
生长型	有限生长	心室数 / 个	2.20 ± 0.40
茎叶茸毛	短密	单花序花数 / 个	8.00 ± 1.41
叶片着生状态	水平	叶长 /cm	38.70 ± 3.19
叶片形状	羽状复叶	叶宽 /cm	42.80 ± 2.71
叶裂刻	中	果实横径 /mm	48.63 ± 5.15
花序类型	单式花序	果实纵径 /mm	50.50 ± 4.59
花柱长度	短于雄蕊	单果重 /g	65.04 ± 17.61
果形	圆形	果肉厚 /mm	6.45 ± 0.79
果顶形状	圆平	种子长 /mm	3.64 ± 0.43
果肩形状	微凹	种子宽 /mm	2.50 ± 0.10
界面棱沟	轻	种子厚 /mm	0.93 ± 0.07
界面茸毛	无	50 粒种子重 /mg	125.30 ± 0.10

表 2-133　PL60092705G1 表型性状

表　型	特　征	表　型	数　值
生长型	有限生长	心室数 / 个	6.60 ± 2.73
茎叶茸毛	短稀	单花序花数 / 个	5.20 ± 2.23
叶片着生状态	水平	叶长 /cm	33.43 ± 1.40
叶片形状	二回羽状复叶	叶宽 /cm	35.33 ± 2.28
叶裂刻	浅	果实横径 /mm	60.05 ± 4.89
花序类型	单式花序	果实纵径 /mm	51.46 ± 3.76
花柱长度	短于雄蕊	单果重 /g	107.42 ± 21.17
果形	扁圆	果肉厚 /mm	6.63 ± 1.11
果顶形状	圆平	种子长 /mm	3.53 ± 0.16
果肩形状	微凹	种子宽 /mm	2.81 ± 0.19
界面棱沟	轻	种子厚 /mm	0.92 ± 0.03
界面茸毛	稀	50 粒种子重 /mg	136.60 ± 0.03

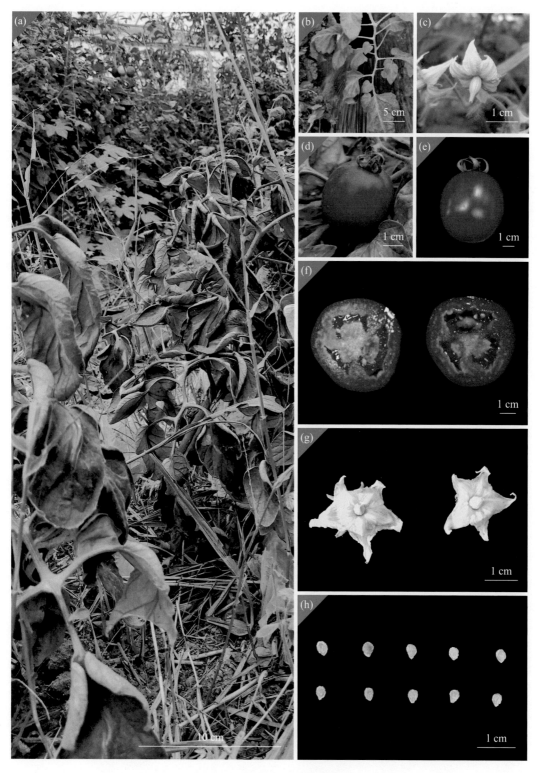

图 2-132 PL60092006G1

（a）植株；（b）叶片；（c）（g）花；（d）（e）（f）果实；（h）种子

图 2-133　PL60092705G1

（a）植株；（b）叶片；（c）（g）花；（d）（e）（f）果实；（h）种子

表 2-134 PL60093011G1 表型性状

表 型	特 征	表 型	数 值
生长型	有限生长	心室数 / 个	3.80 ± 0.40
茎叶茸毛	长稀	单花序花数 / 个	10.00 ± 3.03
叶片着生状态	水平	叶长 /cm	34.53 ± 0.74
叶片形状	二回羽状复叶	叶宽 /cm	35.03 ± 3.79
叶裂刻	浅	果实横径 /mm	52.90 ± 4.24
花序类型	多歧花序	果实纵径 /mm	59.65 ± 4.50
花柱长度	短于雄蕊	单果重 /g	89.64 ± 12.26
果形	桃形	果肉厚 /mm	7.08 ± 0.82
果顶形状	凸尖	种子长 /mm	3.62 ± 0.23
果肩形状	微凹	种子宽 /mm	2.72 ± 0.18
界面棱沟	轻	种子厚 /mm	1.01 ± 0.08
界面茸毛	稀	50 粒种子重 /mg	153.20 ± 0.04

表 2-135 PL60113605G1 表型性状

表 型	特 征	表 型	数 值
生长型	有限生长	心室数 / 个	2.40 ± 0.49
茎叶茸毛	长稀	单花序花数 / 个	9.40 ± 2.48
叶片着生状态	水平	叶长 /cm	40.00 ± 4.18
叶片形状	二回羽状复叶	叶宽 /cm	43.77 ± 5.63
叶裂刻	浅	果实横径 /mm	36.21 ± 2.11
花序类型	单式花序	果实纵径 /mm	31.90 ± 1.40
花柱长度	与雄蕊近等长	单果重 /g	25.32 ± 4.86
果形	圆形	果肉厚 /mm	3.21 ± 0.65
果顶形状	凸尖	种子长 /mm	3.46 ± 0.37
果肩形状	微凹	种子宽 /mm	2.45 ± 0.15
界面棱沟	中	种子厚 /mm	1.07 ± 0.11
界面茸毛	稀	50 粒种子重 /mg	119.80 ± 0.02

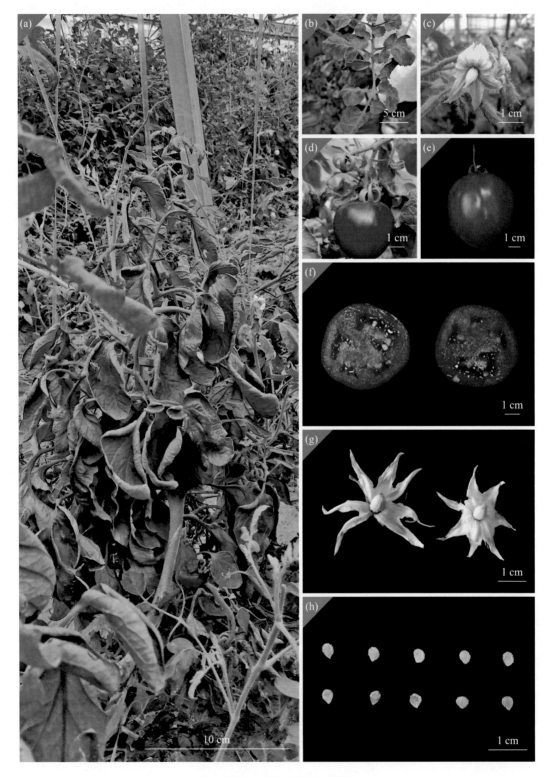

图 2-134 PL60093011G1

（a）植株；（b）叶片；（c）（g）花；（d）（e）（f）果实；（h）种子

图 2-135　PL60113605G1
（a）植株；（b）叶片；（c）（g）花；（d）（e）（f）果实；（h）种子

表 2-136　PL60116511G1 表型性状

表　型	特　征	表　型	数　值
生长型	有限生长	心室数 / 个	2.20 ± 0.40
茎叶茸毛	短稀	单花序花数 / 个	6.60 ± 1.50
叶片着生状态	直立	叶长 /cm	39.27 ± 0.62
叶片形状	二回羽状复叶	叶宽 /cm	45.00 ± 4.42
叶裂刻	中	果实横径 /mm	48.66 ± 4.45
花序类型	单式花序	果实纵径 /mm	56.87 ± 4.35
花柱长度	短于雄蕊	单果重 /g	71.84 ± 15.73
果形	长圆	果肉厚 /mm	6.85 ± 1.56
果顶形状	凸尖	种子长 /mm	4.10 ± 0.31
果肩形状	微凹	种子宽 /mm	3.06 ± 0.14
界面棱沟	无	种子厚 /mm	1.01 ± 0.11
界面茸毛	无	50 粒种子重 /mg	172.10 ± 0.03

表 2-137　PL60117711G1 表型性状

表　型	特　征	表　型	数　值
生长型	有限生长	心室数 / 个	2.20 ± 0.40
茎叶茸毛	短稀	单花序花数 / 个	7.40 ± 1.36
叶片着生状态	水平	叶长 /cm	35.40 ± 4.01
叶片形状	二回羽状复叶	叶宽 /cm	36.97 ± 1.84
叶裂刻	中	果实横径 /mm	45.70 ± 2.62
花序类型	单式花序	果实纵径 /mm	59.17 ± 8.78
花柱长度	与雄蕊近等长	单果重 /g	75.44 ± 9.50
果形	长圆	果肉厚 /mm	8.98 ± 1.17
果顶形状	凸尖	种子长 /mm	4.04 ± 0.33
果肩形状	平	种子宽 /mm	2.82 ± 0.18
界面棱沟	无	种子厚 /mm	1.11 ± 0.12
界面茸毛	稀	50 粒种子重 /mg	171.60 ± 0.07

图 2-136 PL60116511G1
（a）植株；（b）叶片；（c）（g）花；（d）（e）（f）果实；（h）种子

图 2-137　PL60117711G1

（a）植株；（b）叶片；（c）（g）花；（d）（e）（f）果实；（h）种子

表 2-138　PL60117811G1 表型性状

表　型	特　征	表　型	数　值
生长型	有限生长	心室数 / 个	6.40 ± 0.49
茎叶茸毛	长稀	单花序花数 / 个	4.60 ± 1.02
叶片着生状态	直立	叶长 /cm	44.27 ± 9.87
叶片形状	二回羽状复叶	叶宽 /cm	47.53 ± 11.28
叶裂刻	浅	果实横径 /mm	60.65 ± 9.95
花序类型	单式花序	果实纵径 /mm	50.91 ± 11.05
花柱长度	短于雄蕊	单果重 /g	141.38 ± 76.53
果形	扁圆	果肉厚 /mm	5.56 ± 1.40
果顶形状	圆平	种子长 /mm	3.73 ± 0.52
果肩形状	微凹	种子宽 /mm	2.64 ± 0.47
界面棱沟	轻	种子厚 /mm	0.96 ± 0.25
界面茸毛	稀	50 粒种子重 /mg	145.60 ± 0.02

表 2-139　PL60119207G1 表型性状

表　型	特　征	表　型	数　值
生长型	有限生长	心室数 / 个	2.20 ± 0.40
茎叶茸毛	长稀	单花序花数 / 个	7.80 ± 1.94
叶片着生状态	水平	叶长 /cm	42.27 ± 4.00
叶片形状	二回羽状复叶	叶宽 /cm	34.43 ± 3.71
叶裂刻	浅	果实横径 /mm	51.68 ± 2.94
花序类型	单式花序	果实纵径 /mm	54.09 ± 3.69
花柱长度	与雄蕊近等长	单果重 /g	80.40 ± 10.73
果形	高圆	果肉厚 /mm	6.97 ± 0.95
果顶形状	凸尖	种子长 /mm	3.84 ± 0.20
果肩形状	微凹	种子宽 /mm	2.63 ± 0.07
界面棱沟	轻	种子厚 /mm	1.16 ± 0.12
界面茸毛	无	50 粒种子重 /mg	165.00 ± 0.01

图 2-138　PL60117811G1

（a）植株；（b）叶片；（c）（g）花；（d）（e）（f）果实；（h）种子

图 2-139　PL60119207G1

（a）植株；（b）叶片；（c）（g）花；（d）（e）（f）果实；（h）种子

表 2-140　PL60141187110 表型性状

表　型	特　征	表　型	数　值
生长型	有限生长	心室数 / 个	2.80 ± 0.40
茎叶茸毛	长稀	单花序花数 / 个	4.40 ± 1.02
叶片着生状态	水平	叶长 /cm	41.67 ± 3.06
叶片形状	羽状复叶	叶宽 /cm	36.97 ± 3.39
叶裂刻	浅	果实横径 /mm	53.50 ± 7.53
花序类型	单式花序	果实纵径 /mm	61.62 ± 9.60
花柱长度	短于雄蕊	单果重 /g	98.96 ± 37.97
果形	高圆	果肉厚 /mm	7.89 ± 1.55
果顶形状	凸尖	种子长 /mm	3.80 ± 0.30
果肩形状	平	种子宽 /mm	2.88 ± 0.10
界面棱沟	轻	种子厚 /mm	1.03 ± 0.14
界面茸毛	无	50 粒种子重 /mg	180.50 ± 0.04

表 2-141　PL55991294G1 表型性状

表　型	特　征	表　型	数　值
生长型	无限生长	心室数 / 个	5.60 ± 1.96
茎叶茸毛	短稀	单花序花数 / 个	7.80 ± 2.79
叶片着生状态	直立	叶长 /cm	38.43 ± 2.95
叶片形状	二回羽状复叶	叶宽 /cm	39.17 ± 4.56
叶裂刻	中	果实横径 /mm	47.33 ± 6.79
花序类型	单式花序	果实纵径 /mm	35.84 ± 4.17
花柱长度	与雄蕊近等长	单果重 /g	85.76 ± 28.57
果形	扁圆	果肉厚 /mm	5.86 ± 1.11
果顶形状	圆平	种子长 /mm	3.92 ± 0.34
果肩形状	微凹	种子宽 /mm	3.04 ± 0.19
界面棱沟	轻	种子厚 /mm	1.32 ± 0.09
界面茸毛	稀	50 粒种子重 /mg	175.30 ± 0.03

图 2-140　PL60141187110
（a）植株；（b）叶片；（c）（g）花；（d）（e）（f）果实；（h）种子

图 2-141 PL55991294G1

（a）植株；（b）叶片；（c）（g）花；（d）（e）（f）果实；（h）种子

表 2-142　C144 表型性状

表　型	特　征	表　型	数　值
生长型	无限生长	心室数 / 个	2.00 ± 0.00
茎叶茸毛	短稀	单花序花数 / 个	24.40 ± 5.71
叶片着生状态	水平	叶长 /cm	25.40 ± 3.94
叶片形状	羽状复叶	叶宽 /cm	16.67 ± 2.18
叶裂刻	无	果实横径 /mm	12.54 ± 1.22
花序类型	单式花序	果实纵径 /mm	12.36 ± 0.96
花柱长度	长于雄蕊	单果重 /g	1.16 ± 0.27
果形	圆形	果肉厚 /mm	1.27 ± 0.26
果顶形状	圆平	种子长 /mm	3.19 ± 0.18
果肩形状	平	种子宽 /mm	2.03 ± 0.20
界面棱沟	无	种子厚 /mm	0.88 ± 0.07
界面茸毛	无	50 粒种子重 /mg	60.00 ± 0.03

表 2-143　PL60134209G1 表型性状

表　型	特　征	表　型	数　值
生长型	无限生长	心室数 / 个	8.20 ± 1.60
茎叶茸毛	长密	单花序花数 / 个	10.20 ± 3.76
叶片着生状态	水平	叶长 /cm	37.60 ± 3.21
叶片形状	羽状复叶	叶宽 /cm	39.77 ± 5.88
叶裂刻	无	果实横径 /mm	77.59 ± 6.22
花序类型	单式花序	果实纵径 /mm	64.38 ± 4.97
花柱长度	与雄蕊近等长	单果重 /g	223.76 ± 61.35
果形	扁圆	果肉厚 /mm	8.95 ± 0.44
果顶形状	微凹	种子长 /mm	3.73 ± 0.37
果肩形状	深凹	种子宽 /mm	2.75 ± 0.37
界面棱沟	轻	种子厚 /mm	1.11 ± 0.07
界面茸毛	无	50 粒种子重 /mg	173.20 ± 0.02

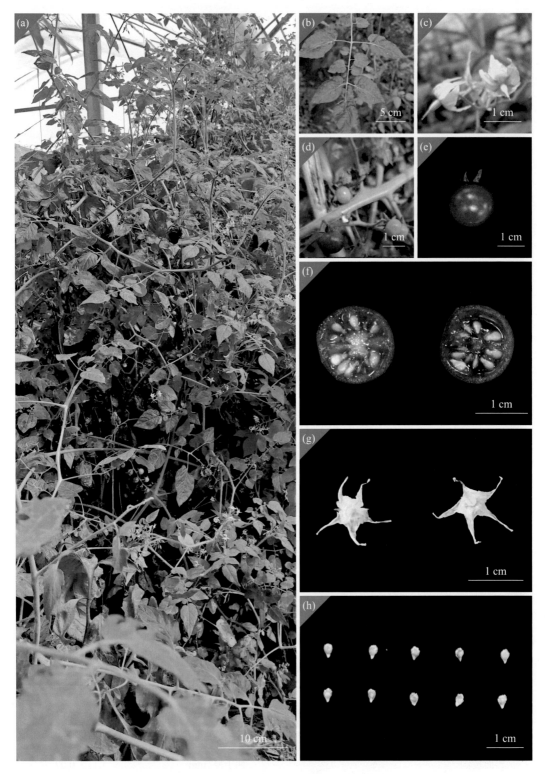

图 2-142　C144

（a）植株；（b）叶片；（c）（g）花；（d）（e）（f）果实；（h）种子

图 2-143 PL60134209G1

（a）植株；（b）叶片；（c）（g）花；（d）（e）（f）果实；（h）种子

表 2-144　PL60139610G1 表型性状

表　型	特　征	表　型	数　值
生长型	有限生长	心室数 / 个	4.40 ± 1.02
茎叶茸毛	短密	单花序花数 / 个	9.20 ± 2.56
叶片着生状态	水平	叶长 /cm	43.03 ± 4.57
叶片形状	二回羽状复叶	叶宽 /cm	39.80 ± 2.20
叶裂刻	浅	果实横径 /mm	58.50 ± 10.67
花序类型	单式花序	果实纵径 /mm	51.10 ± 4.81
花柱长度	短于雄蕊	单果重 /g	103.3 ± 41.79
果形	扁圆	果肉厚 /mm	8.04 ± 0.81
果顶形状	圆平	种子长 /mm	4.17 ± 0.47
果肩形状	微凹	种子宽 /mm	2.91 ± 0.17
界面棱沟	无	种子厚 /mm	0.78 ± 0.09
界面茸毛	稀	50 粒种子重 /mg	147.80 ± 0.04

表 2-145　PL60144910G1 表型性状

表　型	特　征	表　型	数　值
生长型	无限生长	心室数 / 个	2.60 ± 0.49
茎叶茸毛	短稀	单花序花数 / 个	6.20 ± 2.32
叶片着生状态	直立	叶长 /cm	43.40 ± 2.08
叶片形状	羽状复叶	叶宽 /cm	37.97 ± 12.48
叶裂刻	浅	果实横径 /mm	49.85 ± 8.52
花序类型	单式花序	果实纵径 /mm	48.42 ± 7.75
花柱长度	短于雄蕊	单果重 /g	70.01 ± 31.23
果形	圆形	果肉厚 /mm	7.01 ± 0.68
果顶形状	圆平	种子长 /mm	3.58 ± 0.25
果肩形状	微凹	种子宽 /mm	3.00 ± 0.17
界面棱沟	无	种子厚 /mm	1.12 ± 0.11
界面茸毛	无	50 粒种子重 /mg	179.30 ± 0.01

图 2-144　P160139610G1

（a）植株；（b）叶片；（c）（g）花；（d）（e）（f）果实；（h）种子

图 2-145　PL60144910G1

（a）植株；（b）叶片；（c）（g）花；（d）（e）（f）果实；（h）种子

表 2-146 PL60145011G1 表型性状

表 型	特 征	表 型	数 值
生长型	有限生长	心室数 / 个	2.60 ± 0.49
茎叶茸毛	短密	单花序花数 / 个	6.40 ± 1.74
叶片着生状态	下垂	叶长 /cm	42.17 ± 3.65
叶片形状	二回羽状复叶	叶宽 /cm	51.67 ± 9.88
叶裂刻	浅	果实横径 /mm	53.66 ± 7.66
花序类型	单式花序	果实纵径 /mm	53.25 ± 3.80
花柱长度	与雄蕊近等长	单果重 /g	90.06 ± 28.95
果形	圆形	果肉厚 /mm	8.94 ± 1.08
果顶形状	圆平	种子长 /mm	3.97 ± 0.33
果肩形状	微凹	种子宽 /mm	3.17 ± 0.26
界面棱沟	无	种子厚 /mm	1.12 ± 0.10
界面茸毛	稀	50 粒种子重 /mg	162.90 ± 0.02

表 2-147 PL60151211G1 表型性状

表 型	特 征	表 型	数 值
生长型	有限生长	心室数 / 个	7.40 ± 1.50
茎叶茸毛	短稀	单花序花数 / 个	5.80 ± 1.47
叶片着生状态	直立	叶长 /cm	39.40 ± 4.53
叶片形状	二回羽状复叶	叶宽 /cm	46.70 ± 6.65
叶裂刻	无	果实横径 /mm	78.49 ± 11.33
花序类型	单式花序	果实纵径 /mm	58.09 ± 4.14
花柱长度	短于雄蕊	单果重 /g	179.54 ± 77.35
果形	桃形	果肉厚 /mm	6.12 ± 0.67
果顶形状	微凸	种子长 /mm	3.92 ± 0.17
果肩形状	微凹	种子宽 /mm	3.04 ± 0.16
界面棱沟	轻	种子厚 /mm	1.32 ± 0.15
界面茸毛	无	50 粒种子重 /mg	186.10 ± 0.05

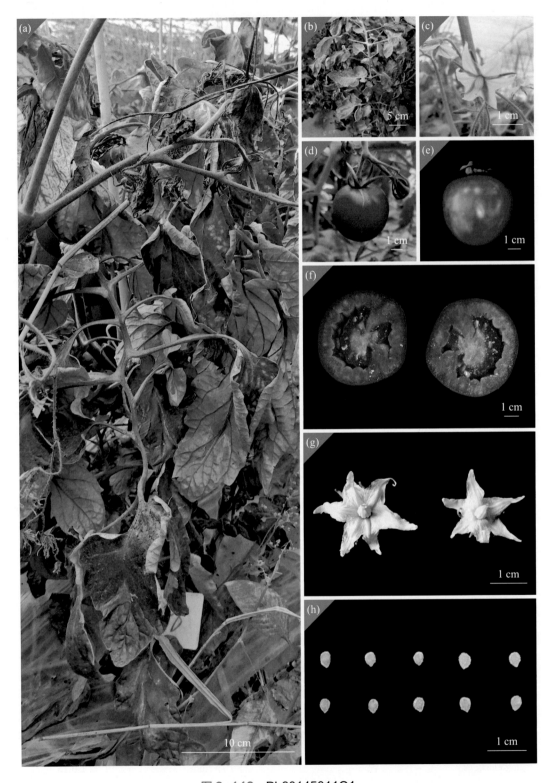

图 2-146 PL60145011G1

（a）植株；（b）叶片；（c）（g）花；（d）（e）（f）果实；（h）种子

图 2-147 PL60151211G1

（a）植株；（b）叶片；（c）（g）花；（d）（e）（f）果实；（h）种子

表 2-148　PL60160110G1 表型性状

表　型	特　征	表　型	数　值
生长型	有限生长	心室数 / 个	3.40 ± 0.49
茎叶茸毛	短稀	单花序花数 / 个	7.70 ± 0.56
叶片着生状态	直立	叶长 /cm	32.25 ± 5.54
叶片形状	二回羽状复叶	叶宽 /cm	31.09 ± 3.35
叶裂刻	无	果实横径 /mm	65.50 ± 8.85
花序类型	单式花序	果实纵径 /mm	51.34 ± 3.35
花柱长度	长于雄蕊	单果重 /g	146.40 ± 23.30
果形	扁圆	果肉厚 /mm	7.85 ± 0.35
果顶形状	圆平	种子长 /mm	4.03 ± 0.33
果肩形状	微凹	种子宽 /mm	3.26 ± 0.33
界面棱沟	无	种子厚 /mm	1.21 ± 0.22
界面茸毛	无	50 粒种子重 /mg	185.70 ± 0.04

表 2-149　PL60162910G1 表型性状

表　型	特　征	表　型	数　值
生长型	有限生长	心室数 / 个	2.40 ± 0.49
茎叶茸毛	短稀	单花序花数 / 个	7.20 ± 1.33
叶片着生状态	直立	叶长 /cm	47.83 ± 9.38
叶片形状	二回羽状复叶	叶宽 /cm	52.30 ± 6.60
叶裂刻	浅	果实横径 /mm	51.83 ± 5.34
花序类型	单式花序	果实纵径 /mm	53.15 ± 5.76
花柱长度	与雄蕊近等长	单果重 /g	78.56 ± 20.58
果形	高圆	果肉厚 /mm	7.41 ± 0.91
果顶形状	圆平	种子长 /mm	4.10 ± 0.21
果肩形状	微凹	种子宽 /mm	3.07 ± 0.36
界面棱沟	轻	种子厚 /mm	1.04 ± 0.05
界面茸毛	无	50 粒种子重 /mg	181.40 ± 0.02

图 2-148 PL60160110G1

（a）植株；（b）叶片；（c）（g）花；（d）（e）（f）果实；（h）种子

图 2-149　PL60162910G1

（a）植株；（b）叶片；（c）（g）花；（d）（e）（f）果实；（h）种子

表 2-150　PL28625504G1 表型性状

表　型	特　征	表　型	数　值
生长型	有限生长	心室数 / 个	1.80 ± 0.40
茎叶茸毛	长稀	单花序花数 / 个	10.20 ± 1.47
叶片着生状态	直立	叶长 /cm	43.03 ± 4.57
叶片形状	二回羽状复叶	叶宽 /cm	42.77 ± 13.86
叶裂刻	中	果实横径 /mm	50.59 ± 4.52
花序类型	多歧花序	果实纵径 /mm	43.31 ± 2.60
花柱长度	短于雄蕊	单果重 /g	67.36 ± 13.12
果形	扁圆	果肉厚 /mm	7.55 ± 0.64
果顶形状	圆平	种子长 /mm	3.72 ± 0.18
果肩形状	微凹	种子宽 /mm	2.81 ± 0.17
界面棱沟	无	种子厚 /mm	1.07 ± 0.04
界面茸毛	无	50 粒种子重 /mg	137.90 ± 0.03

表 2-151　PL64748606G1 表型性状

表　型	特　征	表　型	数　值
生长型	有限生长	心室数 / 个	8.40 ± 2.06
茎叶茸毛	短稀	单花序花数 / 个	9.80 ± 3.25
叶片着生状态	水平	叶长 /cm	43.90 ± 9.80
叶片形状	二回羽状复叶	叶宽 /cm	35.10 ± 10.43
叶裂刻	中	果实横径 /mm	66.76 ± 6.66
花序类型	多歧花序	果实纵径 /mm	46.23 ± 2.78
花柱长度	与雄蕊近等长	单果重 /g	147.82 ± 51.42
果形	扁平	果肉厚 /mm	6.66 ± 0.79
果顶形状	深凹	种子长 /mm	3.35 ± 0.44
果肩形状	深凹	种子宽 /mm	2.52 ± 0.32
界面棱沟	重	种子厚 /mm	0.95 ± 0.11
界面茸毛	无	50 粒种子重 /mg	119.60 ± 0.04

图 2-150　PL28625504G1

（a）植株；（b）叶片；（c）（g）花；（d）（e）（f）果实；（h）种子

图 2-151　PL64748606G1

（a）植株；（b）叶片；（c）（g）花；（d）（e）（f）果实；（h）种子

表 2-152　PL64730510G1 表型性状

表　型	特　征	表　型	数　值
生长型	无限生长	心室数 / 个	5.00 ± 0.89
茎叶茸毛	短密	单花序花数 / 个	8.40 ± 0.49
叶片着生状态	水平	叶长 /cm	46.57 ± 7.12
叶片形状	二回羽状复叶	叶宽 /cm	41.53 ± 10.98
叶裂刻	深	果实横径 /mm	58.41 ± 13.31
花序类型	单式花序	果实纵径 /mm	51.13 ± 8.30
花柱长度	短于雄蕊	单果重 /g	181.94 ± 77.38
果形	扁圆	果肉厚 /mm	6.09 ± 1.05
果顶形状	圆平	种子长 /mm	3.70 ± 0.20
果肩形状	深凹	种子宽 /mm	2.95 ± 0.36
界面棱沟	轻	种子厚 /mm	0.79 ± 0.09
界面茸毛	稀	50 粒种子重 /mg	154.10 ± 0.01

表 2-153　PL63626203G1 表型性状

表　型	特　征	表　型	数　值
生长型	无限生长	心室数 / 个	4.80 ± 1.72
茎叶茸毛	长稀	单花序花数 / 个	7.40 ± 1.02
叶片着生状态	水平	叶长 /cm	51.67 ± 3.89
叶片形状	二回羽状复叶	叶宽 /cm	49.37 ± 0.70
叶裂刻	中	果实横径 /mm	52.04 ± 11.85
花序类型	单式花序	果实纵径 /mm	41.66 ± 7.82
花柱长度	与雄蕊近等长	单果重 /g	84.80 ± 50.23
果形	扁圆	果肉厚 /mm	5.04 ± 0.50
果顶形状	圆平	种子长 /mm	3.60 ± 0.16
果肩形状	微凹	种子宽 /mm	2.82 ± 0.04
界面棱沟	轻	种子厚 /mm	1.13 ± 0.11
界面茸毛	无	50 粒种子重 /mg	153.80 ± 0.02

图 2-152 PL64730510G1

（a）植株；（b）叶片；（c）（g）花；（d）（e）（f）果实；（h）种子

图2-153 PL63626203G1

（a）植株；（b）叶片；（c）（g）花；（d）（e）（f）果实；（h）种子

表 2-154　PL63921304G1 表型性状

表　型	特　征	表　型	数　值
生长型	无限生长	心室数 / 个	2.00 ± 0.00
茎叶茸毛	长稀	单花序花数 / 个	12.20 ± 4.21
叶片着生状态	直立	叶长 /cm	56.17 ± 7.65
叶片形状	羽状复叶	叶宽 /cm	51.27 ± 10.52
叶裂刻	浅	果实横径 /mm	43.97 ± 4.66
花序类型	单式花序	果实纵径 /mm	41.87 ± 3.15
花柱长度	与雄蕊近等长	单果重 /g	49.90 ± 11.60
果形	圆形	果肉厚 /mm	5.43 ± 0.55
果顶形状	圆平	种子长 /mm	3.49 ± 0.23
果肩形状	微凹	种子宽 /mm	2.71 ± 0.24
界面棱沟	无	种子厚 /mm	1.04 ± 0.06
界面茸毛	无	50 粒种子重 /mg	117.50 ± 0.04

图 2-154 PL63921304G1

（a）植株；（b）叶片；（c）（g）花；（d）（e）（f）果实；（h）种子

第3章

番茄"传家宝"种质资源品质分析

为了对 156 份番茄"传家宝"种质资源的品质特征进行全面了解，对其果色、番茄红素、类胡萝卜素含量、单果重、总可溶性固形物、抗坏血酸含量、14 种主要挥发性物质以及与风味相关的可溶性糖（果糖、葡萄糖和蔗糖）、有机酸（柠檬酸、苹果酸、琥珀酸和奎宁酸）等进行了分析和测定（见表 3-1～表 3-5）；对单果重、番茄红素、抗坏血酸和可溶性固形物含量分布进行了分析，以期为后续番茄"传家宝"种质资源的选择和利用提供基础材料参考。

表 3-1 不同番茄"传家宝"种质资源果实的果色、番茄红素及类胡萝卜素含量

番茄品种	果色	番茄红素含量/（μg/g鲜重）	α-胡萝卜素含量/（μg/g鲜重）	β-胡萝卜素含量/（μg/g鲜重）	叶黄素含量/（μg/g鲜重）	总类胡萝卜素含量/（μg/g鲜重）	番茄红素含量/β-胡萝卜素含量
P19753870A1	红	60.74 ± 3.33	0.06 ± 0.03	2.59 ± 0.09	0.78 ± 0.31	64.17 ± 3.76	23.45
P19809706G1	红	33.40 ± 1.66	0.04 ± 0.01	3.74 ± 0.14	—	37.18 ± 1.81	8.93
P19978275A1	红	39.81 ± 3.55	0.18 ± 0.07	3.55 ± 0.82	4.00 ± 0.60	47.54 ± 5.04	11.21
PL10983406G1	红	62.21 ± 2.04	0.23 ± 0.01	6.33 ± 0.11	2.45 ± 0.07	71.22 ± 2.23	9.83
PL11756384A1	橙	15.28 ± 0.10	—	7.43 ± 0.03	2.21 ± 0.04	24.92 ± 0.17	2.06
PL64751399G1	橙	38.30 ± 1.86	—	7.98 ± 0.18	4.03 ± 0.12	50.31 ± 2.16	4.80
PL58445607G1	黄	—	0.75 ± 0.01	3.72 ± 0.14	0.14 ± 0.03	4.61 ± 0.18	0.00
PL11878306G1	红	112.18 ± 2.90	0.23 ± 0.02	6.51 ± 0.16	4.10 ± 0.18	123.02 ± 3.26	17.23
PL12166206G1	红	110.55 ± 3.84	0.06 ± 0.03	5.47 ± 0.16	1.80 ± 0.14	117.88 ± 4.17	20.21

番茄品种	果色	番茄红素含量/（μg/g鲜重）	α-胡萝卜素含量/（μg/g鲜重）	β-胡萝卜素含量/（μg/g鲜重）	叶黄素含量/（μg/g鲜重）	总类胡萝卜素含量/（μg/g鲜重）	番茄红素含量/β-胡萝卜素含量
PL12403596G1	红	48.54 ± 2.46	0.05 ± 0.00	5.45 ± 0.22	2.05 ± 0.16	56.09 ± 2.84	8.91
PL12403787G1	红	54.39 ± 2.25	0.04 ± 0.00	5.99 ± 0.32	3.62 ± 0.31	64.04 ± 2.88	9.08
PL12583106G1	红	49.84 ± 0.68	—	5.50 ± 0.11	0.91 ± 0.03	56.25 ± 0.82	9.06
PL12782008G1	红	37.49 ± 3.21	0.05 ± 0.02	6.95 ± 0.44	5.13 ± 0.48	49.62 ± 4.15	5.39
PL12782508G1	红	66.42 ± 0.46	0.08 ± 0.01	8.83 ± 0.09	4.32 ± 0.17	79.65 ± 0.73	7.52
PL12858695G1	红	56.64 ± 2.65	0.2 ± 0.02	4.96 ± 0.26	2.25 ± 0.22	64.05 ± 3.15	11.42
PL12859208G1	红	93.64 ± 3.96	0.17 ± 0.04	5.83 ± 0.22	2.14 ± 0.11	101.78 ± 4.33	16.06
PL12902608G1	红	108.5 ± 0.51	0.25 ± 0.01	4.68 ± 0.01	3.56 ± 0.01	116.99 ± 0.54	23.18
PL12903308G1	红	65.62 ± 4.20	0.04 ± 0.02	8.98 ± 0.78	0.89 ± 0.31	75.53 ± 5.31	7.31
PL12908408G1	红	55.03 ± 3.16	0.13 ± 0.00	4.41 ± 0.19	3.33 ± 0.33	62.90 ± 3.68	12.48
PL12912806G1	红	45.07 ± 0.60	0.04 ± 0.01	4.41 ± 0.06	3.13 ± 0.05	52.65 ± 0.72	10.22
PL12914208G1	红	62.52 ± 0.03	0.05 ± 0.00	11.08 ± 0.00	5.00 ± 0.05	78.65 ± 0.08	5.64
PL15537208G1	红	54.36 ± 3.42	0.04 ± 0.01	7.44 ± 0.21	4.33 ± 0.23	66.17 ± 3.87	7.31
PL15799368A1	红	78.62 ± 7.76	0.11 ± 0.01	6.17 ± 0.40	3.69 ± 0.35	88.59 ± 8.52	12.74
PL15876006G1	红	141.43 ± 6.31	0.16 ± 0.02	5.99 ± 0.42	1.26 ± 0.28	148.84 ± 7.03	23.61
PL15900970A1	红	95.66 ± 5.09	0.14 ± 0.02	4.69 ± 0.06	2.01 ± 0.15	102.50 ± 5.32	20.40
PL15919806G1	红	91.49 ± 4.16	0.10 ± 0.03	9.17 ± 0.33	3.88 ± 0.18	104.64 ± 4.70	9.98
PL19629700G1	红	96.21 ± 0.14	0.03 ± 0.01	7.76 ± 0.19	1.25 ± 0.01	105.25 ± 0.35	12.40
PL21206269A1	红	38.17 ± 2.59	—	4.87 ± 0.17	2.89 ± 0.16	45.93 ± 2.92	7.84
PL25847407G1	红	43.32 ± 7.46	—	6.98 ± 0.94	2.20 ± 0.59	52.50 ± 8.99	6.21
PL25847806G1	红	55.54 ± 10.95	—	9.29 ± 1.71	1.87 ± 0.33	66.70 ± 12.99	5.98
PL26299507G1	红	66.07 ± 1.76	—	5.97 ± 0.22	2.17 ± 0.20	36.21 ± 2.18	11.07
PL26810772A1	红	97.43 ± 1.16	0.07 ± 0.01	7.21 ± 0.22	0.73 ± 0.06	105.44 ± 1.45	13.51
PL27020606G1	红	137.25 ± 2.4	0.03 ± 0.02	5.06 ± 0.08	0.02 ± 0.03	142.36 ± 2.53	27.12
PL27040861A1	红	85.93 ± 6.43	0.04 ± 0.03	11.79 ± 0.53	2.95 ± 0.34	100.71 ± 7.33	7.29

番茄品种	果色	番茄红素含量/(μg/g鲜重)	α-胡萝卜素含量/(μg/g鲜重)	β-胡萝卜素含量/(μg/g鲜重)	叶黄素含量/(μg/g鲜重)	总类胡萝卜素含量/(μg/g鲜重)	番茄红素含量/β-胡萝卜素含量
PL27043096G1	红	63.77 ± 2.36	0.05 ± 0.03	7.32 ± 0.23	1.47 ± 0.16	72.61 ± 2.78	8.71
PL27270306G1	红	228.60 ± 12.77	0.42 ± 0.04	10.45 ± 0.58	2.48 ± 0.25	241.95 ± 13.64	21.88
PL28155506G1	红	155.73 ± 2.61	0.19 ± 0.03	9.52 ± 0.35	2.58 ± 0.22	168.02 ± 3.21	16.36
PL29133706G1	红	62.55 ± 2.13	0.05 ± 0.01	6.33 ± 0.27	0.89 ± 0.12	69.82 ± 2.53	9.88
PL29463806G1	红	61.38 ± 2.18	0.17 ± 0.01	9.30 ± 0.13	2.23 ± 0.10	73.08 ± 2.42	6.60
PL34113406G1	红	62.70 ± 1.91	0.01 ± 0.00	5.54 ± 0.21	0.18 ± 0.00	68.43 ± 2.12	11.32
PL39051075A1	红	62.38 ± 1.05	—	5.87 ± 0.09	1.63 ± 0.11	69.88 ± 1.25	10.63
PL40695276A1	红	94.73 ± 3.84	0.11 ± 0.01	4.55 ± 0.23	1.63 ± 0.25	101.02 ± 4.33	20.82
PL45202606G1	红	44.18 ± 2.37	0.04 ± 0.01	4.14 ± 0.16	1.24 ± 0.19	49.60 ± 2.73	10.67
PL45202706G1	红	92.62 ± 0.03	0.18 ± 0.00	6.24 ± 0.03	1.74 ± 0.01	100.78 ± 0.07	14.84
PL50531706G1	红	90.37 ± 4.38	0.21 ± 0.04	6.54 ± 0.35	1.80 ± 0.25	98.92 ± 5.02	13.82
PL64744505G1	红	79.4 ± 1.09	0.12 ± 0.01	3.53 ± 0.01	—	82.38 ± 1.15	22.49
PL647447	红	87.98 ± 1.62	0.17 ± 0.01	7.25 ± 0.14	2.57 ± 0.13	97.97 ± 1.90	12.14
PL64755601G1	红	28.71 ± 1.06	—	4.03 ± 0.17	5.06 ± 0.18	37.80 ± 1.41	7.12
PL64756602G1	红	56.64 ± 2.23	0.15 ± 0.01	5.56 ± 0.33	4.43 ± 0.17	65.67 ± 2.21	10.19
PL64752396G1	红	67.43 ± 4.74	0.11 ± 0.00	8.24 ± 0.54	3.63 ± 0.36	79.41 ± 5.64	8.18
PL3301011G1	红	201.86 ± 4.83	0.24 ± 0.01	3.49 ± 0.08	—	205.58 ± 4.95	57.84
PL45199379A1	红	76.81 ± 2.00	0.14 ± 0.02	7.85 ± 0.11	4.56 ± 0.04	89.36 ± 2.17	9.78
G3301210G1	红	210.58 ± 19.91	0.26 ± 0.03	3.68 ± 0.36	0.11 ± 0.23	214.63 ± 20.53	57.22
G3301111G1	红	56.06 ± 0.78	0.23 ± 0.01	7.38 ± 0.13	8.09 ± 0.29	71.76 ± 1.21	7.60
PL63921104G1	红	67.02 ± 1.20	0.01 ± 0.00	4.64 ± 0.16	1.03 ± 0.12	72.70 ± 1.48	14.44
G3301311G11	红	44.36 ± 3.02	0.08 ± 0.00	5.69 ± 0.42	4.21 ± 0.41	54.34 ± 3.85	7.80
G3301410G1	红	113.25 ± 0.66	—	8.52 ± 0.39	3.09 ± 0.28	124.86 ± 1.33	13.29
PL27018601G1	红	51.02 ± 0.84	0.06 ± 0.01	4.87 ± 0.19	2.54 ± 0.17	58.49 ± 1.21	10.48
PL23425473A1	红	143.7 ± 2.11	0.21 ± 0.01	5.29 ± 0.00	0.79 ± 0.02	149.99 ± 2.14	27.16

番茄品种	果色	番茄红素含量/（μg/g鲜重）	α-胡萝卜素含量/（μg/g鲜重）	β-胡萝卜素含量/（μg/g鲜重）	叶黄素含量/（μg/g鲜重）	总类胡萝卜素含量/（μg/g鲜重）	番茄红素含量/β-胡萝卜素含量
G3301711G1	红	34.21 ± 0.09	0.14 ± 0.04	6.65 ± 0.10	2.23 ± 0.03	43.23 ± 0.26	5.14
G3308411G1	红	95.83 ± 0.57	0.09 ± 0.02	4.44 ± 0.00	1.07 ± 0.06	101.43 ± 0.65	21.58
PL64508209G1	红	39.94 ± 0.03	—	7.47 ± 0.01	0.34 ± 2.03	47.75 ± 2.07	5.35
PL2701989061	红	54.41 ± 3.17	0.01 ± 0.00	5.38 ± 0.28	5.01 ± 1.57	64.81 ± 5.02	10.11
G3308311G1	红	170.64 ± 7.93	0.51 ± 0.05	8.08 ± 0.63	3.24 ± 0.44	182.47 ± 9.05	21.12
PL27020270A1	红	26.40 ± 0.10	—	4.77 ± 0.11	2.77 ± 0.08	33.94 ± 0.29	5.53
PL45199079A1	红	25.81 ± 1.87	—	4.96 ± 0.32	2.07 ± 0.36	32.84 ± 2.55	5.20
PL63921504G1	红	74.14 ± 14.13	0.11 ± 0.01	11.45 ± 1.96	4.12 ± 1.17	89.82 ± 17.27	6.48
PL29085705G1	红	204.14 ± 1.11	0.37 ± 0.00	5.42 ± 0.02	2.55 ± 0.00	212.48 ± 1.13	37.66
G3301810G1	红	39.95 ± 0.28	0.07 ± 0.00	3.74 ± 0.03	2.18 ± 0.01	45.94 ± 0.32	10.68
PL64719603G1	红	71.14 ± 1.12	0.06 ± 0.01	7.39 ± 0.07	5.89 ± 0.02	84.48 ± 1.22	9.63
PL12899001G1	红	89.18 ± 0.85	0.42 ± 0.00	4.85 ± 0.04	3.73 ± 0.12	98.18 ± 1.01	18.39
G3301911G1	红	61.33 ± 0.77	0.09 ± 0.04	7.89 ± 0.15	7.62 ± 0.12	76.93 ± 1.08	7.77
PL25043604G1	红	36.17 ± 2.79	—	5.40 ± 0.25	4.56 ± 0.42	46.13 ± 3.46	6.70
G3302511G11	红	47.41 ± 3.03	0.04 ± 0.02	7.18 ± 0.26	2.06 ± 0.22	56.69 ± 3.53	6.60
G3302010G1	红	184.74 ± 14.69	0.13 ± 0.03	9.54 ± 0.86	0.88 ± 0.22	195.29 ± 15.8	19.36
PL33993896G1	红	36.99 ± 1.39	—	4.01 ± 0.05	—	40.60 ± 1.49	9.22
PL64504811G11	红	26.18 ± 0.25	—	4.66 ± 0.07	1.29 ± 0.27	32.13 ± 0.59	5.62
PL30381004G1	黄	—	—	2.40 ± 0.16	4.03 ± 0.34	6.43 ± 0.50	0.00
PL63920804G1-01	黄	5.81 ± 0.61	—	0.25 ± 0.01	—	5.82 ± 0.79	23.24
G3300910G1	红	135.87 ± 9.27	0.14 ± 0.02	5.53 ± 0.44	1.46 ± 0.27	143.00 ± 10.00	24.57
PL63920804G1-02	红	127.36 ± 2.31	0.59 ± 0.10	5.77 ± 0.02	0.97 ± 0.30	134.69 ± 2.73	22.07
PL64488511G1	红	127.92 ± 0.53	0.63 ± 0.21	5.78 ± 0.07	0.30 ± 0.69	134.63 ± 1.50	22.13
PL30377469A1	红	172.91 ± 0.18	0.35 ± 0.02	16.10 ± 0.01	3.73 ± 0.04	193.09 ± 0.25	10.74
G3304611G1	红	160.11 ± 0.05	1.01 ± 0.74	11.01 ± 0.00	6.35 ± 0.15	178.48 ± 0.94	14.54

番茄品种	果色	番茄红素含量/(μg/g鲜重)	α-胡萝卜素含量/(μg/g鲜重)	β-胡萝卜素含量/(μg/g鲜重)	叶黄素含量/(μg/g鲜重)	总类胡萝卜素含量/(μg/g鲜重)	番茄红素含量/β-胡萝卜素含量
PL63627703G1	红	76.15 ± 0.03	0.53 ± 0.01	10.23 ± 0.02	3.63 ± 4.72	90.54 ± 4.78	7.44
G3304711G1	红	51.43 ± 0.61	0.02 ± 0.00	8.14 ± 0.14	1.15 ± 2.58	60.74 ± 3.33	6.32
G3304811G1	红	102.58 ± 42.27	0.35 ± 0.01	15.60 ± 0.02	14.41 ± 0.07	132.94 ± 42.37	6.58
G3304911G1	红	154.57 ± 0.72	0.72 ± 0.01	8.83 ± 0.00	5.11 ± 0.15	169.23 ± 0.88	17.51
G3305011G1	红	174.59 ± 0.08	0.40 ± 0.01	7.18 ± 0.00	1.68 ± 0.21	183.85 ± 0.30	24.32
PL43887797G1	红	142.29 ± 30.83	0.24 ± 0.07	5.82 ± 0.88	3.46 ± 1.04	151.81 ± 32.82	24.45
G3303811G1	红	121.09 ± 6.57	0.11 ± 0.00	7.50 ± 0.52	11.85 ± 0.94	140.55 ± 8.03	16.15
G3304511G1	红	181.30 ± 8.99	0.51 ± 0.02	12.42 ± 0.31	5.12 ± 0.17	199.35 ± 9.49	14.60
G3304011G1	橙	17.36 ± 0.98	4.02 ± 0.16	11.23 ± 0.34	0.29 ± 0.04	32.90 ± 1.52	1.55
PL44173997G1	红	111.88 ± 1.25	0.23 ± 0.00	18.78 ± 0.33	15.71 ± 0.35	146.60 ± 1.93	5.96
PL64753397G1	红	235.94 ± 1.69	0.68 ± 0.08	7.34 ± 0.69	3.76 ± 0.41	247.72 ± 2.87	32.14
G3306311G1	红	81.73 ± 0.04	0.15 ± 0.01	6.83 ± 0.08	6.47 ± 0.07	95.18 ± 0.20	11.97
G3307711G1	红	90.71 ± 1.01	0.34 ± 0.00	9.59 ± 0.08	10.81 ± 0.27	111.45 ± 1.36	9.46
G3307811G1	红	125.81 ± 6.56	0.15 ± 0.01	9.07 ± 0.21	10.47 ± 0.30	145.50 ± 7.08	13.87
PL30381168A1	黄	—	—	1.97 ± 0.05	3.11 ± 0.11	5.08 ± 0.16	0.00
PL27021263A1	红	81.36 ± 4.61	0.09 ± 0.02	7.25 ± 0.22	6.01 ± 0.25	94.71 ± 5.10	11.22
PL45201897G1	黄	—	0.76 ± 0.06	2.71 ± 0.25	—	2.81 ± 0.36	0.00
PL26595597G1	红	78.85 ± 0.42	0.11 ± 0.00	6.99 ± 0.24	4.18 ± 0.22	90.13 ± 0.88	11.28
PL27022800G1	红	140.43 ± 3.46	0.39 ± 0.01	5.66 ± 0.24	2.88 ± 0.22	149.36 ± 3.93	24.81
PL27023496G1	红	67.21 ± 2.23	0.26 ± 0.01	5.22 ± 0.02	3.42 ± 0.03	76.11 ± 2.29	12.88
PL27023663A1	红	102.00 ± 3.29	0.20 ± 0.01	2.83 ± 0.17	1.30 ± 0.14	106.33 ± 3.61	36.04
PL27023999G1	红	74.33 ± 0.27	0.05 ± 0.03	3.82 ± 0.01	3.77 ± 0.05	81.97 ± 0.36	19.46
PL27024163A1	红	47.78 ± 2.23	0.24 ± 0.02	6.62 ± 0.68	3.25 ± 0.03	57.89 ± 2.96	7.22
PL27024963A1	黄	—	0.14 ± 0.00	1.35 ± 0.01	—	0.65 ± 0.11	0.00
PL27956562G1	橙	44.65 ± 7.25	0.11 ± 0.01	40.04 ± 10.47	4.39 ± 1.92	89.19 ± 19.65	1.12

番茄品种	果色	番茄红素含量/（μg/g鲜重）	α-胡萝卜素含量/（μg/g鲜重）	β-胡萝卜素含量/（μg/g鲜重）	叶黄素含量/（μg/g鲜重）	总类胡萝卜素含量/（μg/g鲜重）	番茄红素含量/β-胡萝卜素含量
PL30374965A1	红	112.75 ± 16.36	0.20 ± 0.03	7.70 ± 1.15	3.41 ± 0.92	124.06 ± 18.46	14.64
PL30967272A1	红	187.37 ± 3.07	0.27 ± 0.01	8.73 ± 0.04	6.98 ± 0.18	203.35 ± 3.30	21.46
G3300811G1	橙	60.71 ± 2.21	—	56.56 ± 7.18	4.12 ± 0.78	121.39 ± 10.17	1.07
PL30966981A1	红	58.44 ± 6.19	0.15 ± 0.03	7.34 ± 0.71	8.90 ± 1.00	74.83 ± 7.93	7.96
PL33991470A1	红	60.79 ± 4.59	0.12 ± 0.03	11.65 ± 1.00	8.21 ± 0.75	80.77 ± 6.37	5.22
PL34112498G1	红	128.77 ± 8.39	0.34 ± 0.03	4.08 ± 0.18	4.22 ± 0.39	137.41 ± 8.99	31.56
PL34113296G1	红	117.97 ± 4.53	0.16 ± 0.02	6.61 ± 0.32	6.08 ± 0.38	130.82 ± 5.25	17.85
PL34113396G1	红	226.14 ± 29.82	0.22 ± 0.03	9.46 ± 0.58	0.72 ± 0.14	236.54 ± 30.57	23.90
PL37009111A1	红	196.41 ± 0.38	0.31 ± 0.03	11.49 ± 0.09	2.60 ± 0.09	210.81 ± 0.59	17.09
PL64521411G1	红	43.48 ± 1.15	0.08 ± 0.01	4.95 ± 0.06	6.91 ± 0.02	55.42 ± 1.24	8.78
PL64536111G1	红	148.95 ± 9.97	0.20 ± 0.03	6.27 ± 0.66	2.04 ± 0.41	157.46 ± 11.07	23.76
PL64712284A1	红	135.35 ± 3.32	0.16 ± 0.03	7.45 ± 0.35	3.43 ± 0.02	146.39 ± 3.72	18.17
PL45196797G1	红	246.56 ± 4.91	0.95 ± 0.03	8.31 ± 0.05	6.27 ± 0.01	262.09 ± 5.00	29.67
PL4519707G1	红	230.43 ± 11.9	0.59 ± 0.04	11.19 ± 0.60	3.31 ± 0.45	245.52 ± 12.99	20.59
PL63630203G1	红	238.35 ± 3.07	0.40 ± 0.05	3.74 ± 0.14	0.14 ± 0.01	242.63 ± 3.27	63.73
PL63851396G1	红	234.52 ± 0.05	0.62 ± 0.01	5.34 ± 0.04	1.30 ± 0.08	241.78 ± 0.18	43.92
PL64537011G1	红	89.60 ± 5.30	0.16 ± 0.02	4.71 ± 0.24	2.20 ± 0.14	96.67 ± 5.70	19.02
PL64538910G1	红	112.74 ± 10.70	0.17 ± 0.03	6.76 ± 0.01	4.97 ± 0.27	124.64 ± 11.01	16.68
PL64539009G1	红	161.48 ± 0.02	0.75 ± 0.00	12.71 ± 0.00	4.83 ± 0.09	179.77 ± 0.11	12.70
PL64539109G1	红	87.20 ± 10.26	0.08 ± 0.01	6.95 ± 0.86	5.95 ± 1.04	100.18 ± 12.17	12.55
PL64539811G1	红	128.61 ± 1.81	0.17 ± 0.02	8.35 ± 0.11	3.95 ± 0.09	141.08 ± 2.03	15.40
PL64731698G1	红	198.31 ± 6.21	0.65 ± 0.00	4.02 ± 0.04	—	202.77 ± 6.29	49.33
PL60090611G1	红	166.21 ± 0.49	0.17 ± 0.01	5.63 ± 0.17	1.44 ± 0.09	173.45 ± 0.76	29.52
PL60090711G1	红	89.57 ± 4.89	0.09 ± 0.04	2.37 ± 0.10	—	91.69 ± 5.13	37.79

续　表

番茄品种	果色	番茄红素含量/（μg/g鲜重）	α–胡萝卜素含量/（μg/g鲜重）	β–胡萝卜素含量/（μg/g鲜重）	叶黄素含量/（μg/g鲜重）	总类胡萝卜素含量/（μg/g鲜重）	番茄红素含量/β–胡萝卜素含量
PL60092006G1	红	105.29 ± 2.22	0.35 ± 0.03	3.98 ± 0.10	1.55 ± 0.01	111.17 ± 2.36	26.45
PL60092705G1	红	179.62 ± 13.9	0.68 ± 0.06	3.85 ± 0.22	2.63 ± 0.23	186.78 ± 14.41	46.65
PL60093011G1	红	150.10 ± 5.76	0.90 ± 0.03	6.59 ± 0.02	4.38 ± 0.14	161.97 ± 5.95	22.78
PL60113605G1	红	198.61 ± 4.95	0.81 ± 0.02	6.04 ± 0.14	2.36 ± 0.14	207.82 ± 5.25	32.88
PL60116511G1	红	150.92 ± 4.79	0.39 ± 0.01	4.95 ± 0.01	3.16 ± 0.08	159.42 ± 4.89	30.49
PL60117711G1	红	170.63 ± 1.87	1.35 ± 0.00	10.23 ± 0.07	6.53 ± 0.11	188.74 ± 2.05	16.68
PL60117811G1	红	127.23 ± 7.98	0.15 ± 0.03	9.64 ± 0.57	3.32 ± 0.19	140.34 ± 8.77	13.20
PL60119207G1	红	206.9 ± 1.49	0.62 ± 0.00	12.82 ± 0.12	4.14 ± 0.13	224.48 ± 1.74	16.14
PL60141187110	黄	0.46 ± 0.01	—	1.57 ± 0.20	3.19 ± 0.61	5.22 ± 0.82	0.29
PL55991294G1	红	182.95 ± 4.16	0.39 ± 0.02	8.30 ± 0.10	2.85 ± 0.03	194.49 ± 4.31	22.04
C144	红	202.99 ± 138.91	0.69 ± 0.54	22.43 ± 0.34	9.09 ± 0.16	235.20 ± 139.95	9.05
PL60134209G1	黄	2.78 ± 0.11	—	9.82 ± 0.74	3.36 ± 0.49	15.96 ± 1.34	0.28
PL60139610G1	红	148.46 ± 0.02	1.21 ± 0.00	10.87 ± 0.01	8.37 ± 0.04	168.91 ± 0.07	13.66
PL60144910G1	红	145.79 ± 0.21	2.57 ± 0.01	10.42 ± 0.01	9.85 ± 0.21	168.63 ± 0.44	13.99
PL60145011G1	红	163.92 ± 4.64	0.79 ± 0.11	9.00 ± 0.01	5.89 ± 0.04	179.60 ± 4.80	18.21
PL60151211G1	红	131.94 ± 3.90	0.35 ± 0.04	6.38 ± 0.56	2.43 ± 0.46	141.10 ± 4.96	20.68
PL60160110G1	红	97.89 ± 6.04	0.14 ± 0.02	4.95 ± 0.33	1.74 ± 0.30	104.72 ± 6.69	19.78
PL60162910G1	红	90.07 ± 41.05	0.38 ± 0.22	6.48 ± 0.04	4.47 ± 0.07	101.40 ± 41.38	13.90
PL28625504G1	红	155.95 ± 0.11	0.50 ± 0.01	11.66 ± 0.02	2.85 ± 0.23	170.96 ± 0.37	13.37
PL64748606G1	红	192.50 ± 6.27	0.20 ± 0.02	10.21 ± 0.44	2.88 ± 0.20	205.79 ± 6.93	18.85
PL64730510G1	红	144.87 ± 2.43	0.44 ± 0.03	10.22 ± 0.37	3.24 ± 0.22	158.77 ± 3.05	14.18
PL63626203G1	红	210.53 ± 1.82	0.37 ± 0.02	12.28 ± 0.39	5.74 ± 0.13	228.92 ± 2.36	17.14
PL63921304G1	橙	35.36 ± 2.20	0.08 ± 0.01	27.93 ± 3.59	2.04 ± 0.15	65.41 ± 5.95	1.27

注：表中数据为 3 个生物学重复的平均值，"±"后的数值为标准差；"—"代表未检测到。

表 3-2　不同番茄"传家宝"资源果实的单果重、总可溶性固形物含量和抗坏血酸含量

番茄品种	单果重 /g	总可溶性固形物 /%	抗坏血酸 /（mg/100 g 鲜重）
P19753870A1	65.17	3.53	22.73 ± 0.18
P19809706G1	88.23	5.20	47.41 ± 3.69
P19978275A1	29.07	4.47	34.98 ± 1.24
PL10983406G1	55.63	4.47	34.04 ± 0.94
PL11756384A1	45.30	5.40	41.44 ± 1.57
PL64751399G1	12.13	5.13	29.99 ± 0.67
PL58445607G1	46.70	3.80	34.91 ± 0.31
PL11878306G1	86.03	5.70	41.90 ± 2.11
PL12166206G1	55.00	3.97	38.80 ± 1.89
PL12403596G1	91.23	4.60	35.18 ± 0.86
PL12403787G1	69.60	5.10	33.06 ± 1.09
PL12583106G1	44.23	5.83	35.25 ± 0.46
PL12782008G1	12.67	5.97	46.76 ± 0.04
PL12782508G1	15.57	6.07	43.16 ± 0.80
PL12858695G1	44.97	5.07	41.14 ± 1.28
PL12859208G1	105.49	9.60	44.26 ± 0.97
PL12902608G1	18.59	5.80	52.29 ± 0.65
PL12903308G1	44.89	4.70	39.36 ± 1.35
PL12908408G1	61.83	4.70	39.53 ± 1.11
PL12912806G1	50.30	5.20	51.37 ± 2.83
PL12914208G1	15.50	5.03	42.26 ± 1.79
PL15537208G1	25.30	4.50	55.27 ± 0.62
PL15799368A1	74.83	4.43	30.26 ± 0.63
PL15876006G1	314.67	4.87	53.18 ± 0.25
PL15900970A1	47.70	4.50	31.68 ± 0.47
PL15919806G1	67.30	5.10	46.87 ± 0.44
PL19629700G1	77.27	5.03	64.61 ± 1.05

番茄品种	单果重 /g	总可溶性固形物 /%	抗坏血酸 /（mg/100 g 鲜重）
PL21206269A1	78.33	6.10	31.26 ± 1.00
PL25847407G1	75.80	5.10	53.48 ± 0.59
PL25847806G1	43.63	4.93	24.80 ± 0.52
PL26299507G1	52.13	4.93	38.68 ± 1.72
PL26810772A1	77.83	4.67	34.46 ± 0.10
PL27020606G1	79.10	5.03	27.53 ± 0.43
PL27040861A1	5.17	5.17	71.12 ± 0.26
PL27043096G1	44.40	5.27	43.91 ± 1.58
PL27270306G1	5.60	5.60	57.65 ± 2.63
PL28155506G1	43.50	4.20	34.07 ± 0.66
PL29133706G1	68.60	6.70	46.01 ± 0.76
PL29463806G1	39.80	4.77	10.50 ± 0.43
PL34113406G1	105.20	5.30	12.60 ± 0.98
PL39051075A1	4.30	6.53	14.54 ± 2.66
PL40695276A1	5.37	5.37	8.88 ± 0.36
PL45202606G1	61.40	6.20	11.24 ± 0.28
PL45202706G1	18.67	5.40	13.62 ± 0.39
PL50531706G1	5.30	5.30	10.24 ± 0.56
PL64744505G1	186.67	4.83	8.73 ± 0.13
PL647447	56.57	5.13	11.22 ± 0.27
PL64755601G1	10.73	8.67	11.53 ± 0.08
PL64756602G1	25.56	6.56	8.68 ± 0.09
PL64752396G1	10.60	6.90	14.86 ± 0.30
PL3301011G1	178.43	5.27	9.99 ± 0.06
PL45199379A1	78.10	6.60	13.30 ± 0.43
G3301210G1	36.40	5.00	12.28 ± 0.54

番茄品种	单果重 /g	总可溶性固形物 /%	抗坏血酸 /（mg/100 g 鲜重）
G3301111G1	37.73	5.80	7.32 ± 0.11
PL63921104G1	165.30	5.60	11.10 ± 0.99
G3301311G11	63.43	5.03	10.33 ± 0.59
G3301410G1	20.00	4.97	10.85 ± 0.44
PL27018601G1	185.40	6.13	9.86 ± 0.37
PL23425473A1	83.53	5.13	8.68 ± 0.13
G3301711G1	71.10	4.70	8.33 ± 1.08
G3308411G1	112.00	5.70	5.99 ± 0.46
PL64508209G1	45.23	5.53	13.00 ± 0.41
PL2701989061	48.00	6.30	9.66 ± 0.14
G3308311G1	21.00	5.33	10.17 ± 0.43
PL27020270A1	37.10	6.70	10.41 ± 1.56
PL45199079A1	72.00	6.10	9.54 ± 0.33
PL63921504G1	11.33	8.47	10.19 ± 0.06
PL29085705G1	55.00	6.12	11.55 ± 1.54
G3301810G1	90.00	4.60	7.56 ± 0.25
PL64719603G1	118.90	5.30	8.40 ± 0.16
PL12899001G1	29.60	4.30	12.6 ± 1.33
G3301911G1	55.57	6.00	8.88 ± 0.43
PL25043604G1	102.17	4.93	8.30 ± 0.60
G3302511G11	48.90	4.30	9.03 ± 0.13
G3302010G1	44.90	4.70	8.75 ± 0.54
PL33993896G1	32.90	4.80	9.61 ± 0.32
PL64504811G11	47.80	6.40	9.05 ± 0.11
PL30381004G1	10.20	6.00	9.12 ± 0.37
PL63920804G1－01	45.00	3.10	13.79 ± 0.86

番茄品种	单果重 /g	总可溶性固形物 /%	抗坏血酸 /（mg/100 g 鲜重）
G3300910G1	56.70	2.90	11.48 ± 0.51
PL63920804G1-02	43.00	3.60	16.52 ± 0.67
PL64488511G1	43.40	5.60	9.96 ± 1.44
PL30377469A1	5.50	5.50	12.11 ± 1.24
G3304611G1	54.40	6.90	8.30 ± 0.55
PL63627703G1	4.83	4.83	11.22 ± 0.69
G3304711G1	62.20	5.40	8.33 ± 1.39
G3304811G1	47.30	5.40	8.45 ± 0.58
G3304911G1	45.20	5.70	7.21 ± 0.29
G3305011G1	70.80	3.20	7.04 ± 0.54
PL43887797G1	84.30	5.70	12.71 ± 2.43
G3303811G1	14.40	6.00	10.96 ± 1.71
G3304511G1	39.50	7.60	14.11 ± 1.28
G3304011G1	45.70	6.20	8.21 ± 0.66
PL44173997G1	98.10	5.20	8.56 ± 0.49
PL64753397G1	43.60	4.70	12.57 ± 0.92
G3306311G1	23.50	5.80	20.14 ± 2.89
G3307711G1	102.83	4.93	18.30 ± 2.82
G3307811G1	53.50	4.50	12.76 ± 1.26
PL30381168A1	15.50	7.40	9.22 ± 0.89
PL27021263A1	108.83	5.07	8.91 ± 0.97
PL45201897G1	99.60	4.70	9.92 ± 0.93
PL26595597G1	41.60	7.20	13.81 ± 1.38
PL27022800G1	76.40	5.70	11.55 ± 2.26
PL27023496G1	56.67	5.56	8.54 ± 1.19
PL27023663A1	95.80	6.50	14.19 ± 0.63

续　表

番茄品种	单果重 /g	总可溶性固形物 /%	抗坏血酸 /（mg/100 g 鲜重）
PL27023999G1	125.30	5.90	10.48 ± 1.14
PL27024163A1	89.87	6.60	11.02 ± 0.68
PL27024963A1	133.30	6.70	9.75 ± 1.49
PL27956562G1	86.30	6.80	15.17 ± 0.22
PL30374965A1	110.00	4.80	10.61 ± 1.00
PL30967272A1	73.00	5.27	8.91 ± 1.30
G3300811G1	141.20	6.30	14.4 ± 0.96
PL30966981A1	69.39	5.20	8.44 ± 1.21
PL33991470A1	79.40	4.70	8.01 ± 0.52
PL34112498G1	167.30	3.80	13.91 ± 0.72
PL34113296G1	157.63	5.17	12.16 ± 0.45
PL34113396G1	69.87	4.67	8.49 ± 2.75
PL37009111A1	98.10	5.20	9.75 ± 0.20
PL64521411G1	97.30	5.60	9.45 ± 0.92
PL645536111G1	46.60	4.60	8.52 ± 1.10
PL64712284A1	76.56	5.20	10.56 ± 0.67
PL45196797G1	158.57	4.63	9.52 ± 0.62
PL4519707G1	127.83	4.30	9.59 ± 1.08
PL63630203G1	90.73	5.00	7.95 ± 0.52
PL63851396G1	54.80	5.23	11.97 ± 0.84
PL64537011G1	48.10	4.50	13.67 ± 0.77
PL64538910G1	77.80	6.10	11.41 ± 0.81
PL64539009G1	72.97	5.20	11.16 ± 1.23
PL64539109G1	86.86	4.90	12.48 ± 1.91
PL64539811G1	68.67	5.27	9.82 ± 0.70
PL64731698G1	127.00	6.10	10.24 ± 1.32

番茄品种	单果重 /g	总可溶性固形物 /%	抗坏血酸 /（mg/100 g 鲜重）
PL60090611G1	120.00	6.00	8.87 ± 0.40
PL60090711G1	84.90	6.90	11.36 ± 0.48
PL60092006G1	76.50	4.77	8.42 ± 0.42
PL60092705G1	65.27	5.97	9.80 ± 1.01
PL60093011G1	22.80	4.77	8.18 ± 0.56
PL60113605G1	68.20	4.70	11.04 ± 0.97
PL60116511G1	47.30	5.20	10.45 ± 0.34
PL60117711G1	137.70	3.80	9.15 ± 0.55
PL60117811G1	64.36	4.63	8.68 ± 0.83
PL60119207G1	115.93	5.40	11.97 ± 1.22
PL60141187110	1.57	8.90	26.71 ± 4.54
PL55991294G1	72.00	5.70	10.14 ± 0.15
C144	121.40	4.00	11.04 ± 0.24
PL60134209G1	139.00	5.70	13.23 ± 1.15
PL60139610G1	94.40	5.70	9.36 ± 0.85
PL60144910G1	63.40	5.60	6.00 ± 0.26
PL60145011G1	168.80	4.90	10.76 ± 0.84
PL60151211G1	112.60	5.50	8.30 ± 0.44
PL601601110G1	93.90	5.20	9.21 ± 1.85
PL60162910G1	102.17	4.17	8.63 ± 0.37
PL28625504G1	31.30	5.90	13.51 ± 1.74
PL64748606G1	52.37	5.93	8.37 ± 0.56
PL64730510G1	118.40	5.50	9.64 ± 1.71
PL63626203G1	64.22	5.50	22.73 ± 0.18
PL63921304G1	97.00	6.63	47.41 ± 3.69

注：表中数据为 3 个生物学重复的平均值，"±"后的数值为标准差。

表3-3 番茄"传家宝"资源果实的14种主要挥发性物质中醛、酯类含量（单位：μg/g 鲜重）

番茄品种	3-甲基丁醛	正己醛	顺-3-己烯醛	反-2-己烯醛	反-2-庚烯醛	苯乙醛	水杨酸甲酯
P19753870A1	1.15±0.60	93.48±51.54	4.51±0.49	0.11±0.07	14.57±5.01	3.87±2.16	0.43±0.23
P19809706G1	1.77±0.71	98.03±39.29	1.83±0.81	6.76±4.57	19.55±5.11	4.59±2.64	61.61±27.15
P19978275A1	59.54±14.49	3 523.13±340.7	2.81±1.76	73.95±6.87	1 159.1±158.17	136.72±36.39	112.72±12.15
PL10983406G1	1.58±0.90	88.23±41.85	0.37±0.02	2.20±1.14	16.51±9.83	1.42±0.92	1.05±0.68
PL11756384A1	0.39±0.00	7.27±0.00	—	0.02±0.00	2.74±0.00	0.23±0.00	0.11±0.00
PL64751399G1	14.86±9.83	281.55±14.95	3.38±0.32	14.46±10.6	77.49±69.34	35.69±30.93	16.46±11.58
PL58445607G1	110.60±9.81	1 223.91±202.91	16.42±3.59	4.24±4.09	591.1±83.36	66.05±5.20	12.35±0.04
PL11878306G1	67.41±2.84	23.01±18.87	11.01±1.00	0.02±0.01	4.49±0.26	409.86±16.64	0.41±0.34
PL12166206G1	4.18±0.90	8.57±1.46	0.26±0.26	0.15±0.04	1.71±0.32	17.41±6.45	0.13±0.04
PL12403596G1	19.52±8.43	21.37±7.63	18.78±7.36	0.38±0.03	17.59±9.32	81.74±33.21	0.45±0.10
PL12403787G1	1.40±0.92	15.82±8.84	1.38±1.38	0.97±0.95	3.33±1.85	0.87±0.54	0.07±0.04
PL12583106G1	1.76±1.20	21.21±1.53	1.20±0.44	0.12±0.11	3.95±0.10	2.73±0.67	0.37±0.04
PL12782008G1	1.10±0.51	14.93±6.13	2.01±2.01	0.16±0.16	9.22±7.60	1.15±0.67	0.09±0.05
PL12782508G1	6.55±1.39	96.91±9.86	3.97±0.17	1.41±0.57	22.70±2.17	16.87±10.1	1.53±0.22
PL12858695G1	1.51±0.21	21.10±8.46	0.55±0.55	0.26±0.25	4.13±3.98	1.26±0.26	21.09±5.76
PL12859208G1	1.94±0.25	145.59±15.71	1.51±1.51	3.37±2.21	60.45±4.37	0.95±0.04	0.16±0.04
PL12902608G1	3.94±1.39	592.35±38.89	6.70±6.70	7.32±4.17	213.09±108.64	21.62±3.24	101.35±11.34

续 表

番茄品种	3-甲基丁醛	正己醛	顺-3-己烯醛	反-2-己烯醛	反-2-庚烯醛	苯乙醛	水杨酸甲酯
PL12903308G1	0.61 ± 0.45	170.90 ± 121.06	4.45 ± 4.42	0.76 ± 0.32	44.76 ± 31.76	4.42 ± 2.77	31.99 ± 17.19
PL12908408G1	3.26 ± 0.29	82.49 ± 28.04	0.02 ± 0.02	0.94 ± 0.14	20.78 ± 5.16	0.59 ± 0.09	0.82 ± 0.30
PL12912806G1	6.72 ± 2.94	223.60 ± 98.45	2.60 ± 1.68	0.45 ± 0.28	155.15 ± 69.26	2.24 ± 0.82	0.59 ± 0.30
PL12914208G1	12.20 ± 10.14	68.81 ± 12.47	0.19 ± 0.19	4.27 ± 1.01	16.91 ± 4.62	3.86 ± 0.45	0.63 ± 0.48
PL15537208G1	3.29 ± 0.12	126.57 ± 8.44	0.87 ± 0.80	0.72 ± 0.62	45.70 ± 2.01	0.56 ± 0.02	0.35 ± 0.02
PL15799368A1	0.32 ± 0.00	33.01 ± 5.16	0.01 ± 0.01	2.47 ± 2.37	5.02 ± 1.94	0.39 ± 0.01	0.25 ± 0.04
PL15876006G1	2.85 ± 0.17	128.74 ± 9.40	2.03 ± 0.35	4.11 ± 0.94	28.14 ± 6.52	0.88 ± 0.10	0.10 ± 0.01
PL15900970A1	3.52 ± 2.64	319.55 ± 21.55	2.87 ± 2.87	5.89 ± 2.68	86.64 ± 2.32	2.42 ± 1.13	0.31 ± 0.08
PL15919806G1	—	10.71 ± 0.99	0.37 ± 0.37	1.52 ± 1.45	0.13 ± 0.11	0.25 ± 0.06	0.83 ± 0.06
PL19629700G1	0.21 ± 0.19	12.18 ± 2.73	0.53 ± 0.53	4.40 ± 4.29	7.22 ± 0.49	0.90 ± 0.22	229.1 ± 27.71
PL21206269A1	0.57 ± 0.04	128.72 ± 25.93	0.52 ± 0.47	1.24 ± 0.24	35.00 ± 18.98	2.27 ± 0.74	3.37 ± 0.76
PL25847407G1	3.34 ± 0.54	150.84 ± 11.57	0.40 ± 0.40	1.14 ± 0.06	71.01 ± 3.20	1.32 ± 0.20	2.21 ± 0.40
PL25847806G1	3.12 ± 0.72	217.72 ± 91.6	0.01 ± 0.00	0.34 ± 0.16	74.51 ± 45.10	4.71 ± 0.80	70.48 ± 7.79
PL26299507G1	0.75 ± 0.75	10.97 ± 2.03	3.75 ± 0.97	6.29 ± 4.62	0.94 ± 0.27	0.23 ± 0.04	0.74 ± 0.01
PL26810772A1	2.63 ± 1.68	68.56 ± 48.64	1.50 ± 1.44	2.68 ± 0.61	7.50 ± 6.71	2.09 ± 1.28	0.69 ± 0.25
PL27020606G1	0.51 ± 0.35	16.5 ± 11.95	4.06 ± 0.25	0.85 ± 0.27	1.32 ± 0.14	0.61 ± 0.33	0.31 ± 0.19
PL27040861A1	0.04 ± 0.03	6.87 ± 2.00	0.97 ± 0.06	0.04 ± 0.03	93.25 ± 3.24	0.33 ± 0.05	22.03 ± 5.46

续　表

番茄品种	3-甲基丁醛	正己醛	顺-3-己烯醛	反-2-己烯醛	反-2-庚烯醛	苯乙醛	水杨酸甲酯
PL27043096G1	0.33±0.32	9.32±7.60	0.28±0.07	0.24±0.17	0.44±0.35	0.82±0.34	17.06±7.89
PL27270306G1	0.58±0.06	9.46±0.12	1.78±1.67	0.44±0.11	1.97±0.83	0.93±0.52	0.28±0.06
PL28155506G1	0.64±0.12	18.83±9.78	0.48±0.30	2.48±2.19	2.95±1.22	0.65±0.19	0.10±0.00
PL29133706G1	6.91±3.72	207.50±117.43	2.09±1.74	3.54±1.60	53.71±27.15	4.84±2.94	0.42±0.31
PL29463806G1	2.61±0.54	131.22±29.34	1.62±1.28	1.49±0.31	47.21±9.40	1.39±0.28	0.30±0.07
PL34113406G1	61.69±10.15	3 286.5±155.87	22.22±1.42	24.01±3.24	1 608.3±63.88	32.71±1.78	5.55±4.87
PL39051075A1	0.81±0.07	50.55±9.44	0.57±0.16	0.42±0.14	13.01±2.79	2.23±0.25	116.41±24.21
PL40695276A1	19.52±1.51	198.56±20.21	7.59±0.67	2.83±0.74	38.00±1.48	4.87±0.29	16.71±8.54
PL45202606G1	1.32±0.83	45.14±19.94	2.26±1.07	0.81±0.49	6.57±2.63	5.97±3.47	1.33±0.82
PL45202706G1	2.96±0.09	99.12±10.48	1.20±0.04	1.20±0.11	20.01±2.05	0.85±0.09	0.53±0.04
PL50531706G1	1.26±0.09	101.52±17.33	0.9±0.21	1.31±0.83	27.78±1.83	0.57±0.05	0.26±0.04
PL64744505G1	168.98±20.87	17 541.9±586.73	82.19±33.46	63.93±40.43	4 285.37±607.59	269.77±79.39	22.05±5.69
PL647447	2.93±0.02	63.17±4.29	0.48±0.01	0.30±0.07	23.99±2.69	2.16±0.09	0.15±0.01
PL64755601G1	2.36±0.45	44.43±3.71	0.91±0.39	0.48±0.00	8.66±0.60	3.66±0.25	0.19±0.04
PL64756602G1	3.35±0.17	67.45±10.21	0.99±0.41	1.00±0.01	12.25±0.03	0.78±0.06	0.67±0.02
PL64752396G1	4.15±3.26	317.31±255.25	2.89±1.49	2.54±2.26	78.96±5.41	4.41±3.38	10.09±8.94
PL3301011G1	0.28±0.18	38.89±32.74	0.62±0.39	4.78±3.98	8.90±8.36	1.06±0.45	0.42±0.32

续 表

番茄品种	3-甲基丁醛	正己醛	顺-3-己烯醛	反-2-己烯醛	反-2-庚烯醛	苯乙醛	水杨酸甲酯
PL45199379A1	192.29±8.10	6 613.89±605.11	71.52±1.38	38.15±4.32	1 122.37±121.77	80.75±5.64	5.51±5.45
G3301210G1	—	38.44±4.38	—	208.20±39.06	59.79±8.98	2.13±0.25	—
G3301111G1	5.21±0.49	84.41±8.45	1.34±0.13	0.72±0.40	14.51±0.79	1.52±0.10	0.18±0.01
PL63921104G1	1.10±0.43	76.85±47.06	1.31±0.61	3.17±1.25	18.98±13.52	1.03±0.21	0.09±0.01
G3301311G11	41.56±38.23	2 205.67±88.65	28.81±2.25	30.38±26.4	544.29±104.73	14.9±3.99	1.62±1.52
G3301410G1	2.82±0.65	74.10±14.55	1.28±0.46	0.49±0.16	15.82±6.87	0.28±0.04	0.26±0.06
PL27018601G1	0.10±0.03	4.40±2.14	0.33±0.29	0.17±0.03	0.15±0.07	0.17±0.00	0.03±0.00
PL23425473A1	3.65±0.37	56.63±0.52	0.54±0.02	1.67±1.26	8.88±0.96	3.10±0.25	5.44±0.96
G3301711G1	0.28±0.18	68.91±6.70	1.05±0.35	0.28±0.07	23.39±1.54	0.37±0.02	0.30±0.12
G3308411G1	3.95±0.37	37.95±3.22	0.19±0.19	2.84±0.25	5.77±0.89	0.55±0.00	0.08±0.01
PL64508209G1	1.30±0.09	83.66±0.19	1.05±0.37	0.35±0.16	31.10±4.36	1.08±0.04	4.34±0.49
PL27019989061	2.65±0.33	132.22±9.45	2.17±0.94	1.66±0.26	19.08±0.48	0.92±0.09	0.03±0.01
G3308311G1	4.04±0.03	55.20±3.68	0.62±0.28	1.97±1.44	11.90±1.15	0.83±0.08	0.27±0.08
PL27020270A1	4.41±0.93	63.58±21.08	0.40±0.03	0.22±0.02	13.65±5.95	1.78±0.02	0.15±0.01
PL45199079A1	4.09±0.84	76.91±14.84	0.98±0.24	1.04±0.21	13.20±4.80	1.09±0.24	0.04±0.00
PL63921504G1	1.70±0.08	51.89±32.46	0.89±0.24	1.55±0.43	10.20±6.55	0.61±0.15	0.08±0.01
PL29085705G1	—	49.28±3.84	—	338.52±43.17	35.83±15.77	75.86±2.01	—

续 表

番茄品种	3-甲基丁醛	正己醛	顺-3-己烯醛	反-2-己烯醛	反-2-庚烯醛	苯乙醛	水杨酸甲酯
G3301810G1	0.61±0.09	66.01±1.56	0.54±0.17	0.80±0.39	18.66±0.84	0.97±0.12	0.46±0.19
PL64719603G1	0.44±0.02	64.85±7.01	0.80±0.10	0.64±0.23	19.00±2.04	0.62±0.13	0.12±0.03
PL12899001G1	2.37±0.48	45.63±8.34	0.39±0.18	1.52±0.98	14.45±3.24	1.77±0.09	0.16±0.07
G3301911G1	0.76±0.12	73.47±2.47	0.88±0.51	0.31±0.07	27.41±1.24	0.77±0.00	0.14±0.02
PL25043604G1	2.22±0.37	94.16±10.45	1.17±0.09	1.27±0.02	21.34±1.17	1.46±0.03	0.13±0.06
G3302511G11	1.85±0.07	122.62±5.22	0.54±0.07	4.24±3.88	28.32±2.82	1.66±0.16	0.55±0.06
G3302010G1	1.05±0.14	45.05±15.74	0.58±0.11	1.81±0.79	8.56±3.72	1.65±0.19	0.10±0.01
PL33993896G1	0.17±0.17	67.91±4.07	0.67±0.07	0.66±0.08	15.12±0.53	1.60±0.09	0.02±0.00
PL64504811G11	0.77±0.21	49.66±2.58	0.70±0.33	1.02±0.87	13.74±4.44	0.53±0.08	0.20±0.11
PL30381004G1	—	11.82±0.00	—	694.81±72.16	9.04±1.93	0.48±0.20	—
PL63920804G1-01	—	2.53±0.06	—	123.27±9.83	0.98±0.72	0.41±0.04	—
G3300910G1	—	1.23±0.72	—	467.21±18.31	2.26±0.12	0.25±0.10	—
PL63920804G1-02	—	1.06±0.60	—	318.48±19.17	29.99±0.13	0.26±0.15	—
PL64488511G1	—	3.44±1.16	—	699.28±134.58	6.13±1.33	0.90±0.05	—
PL30377469A1	—	3.03±0.03	—	554.40±1.07	—	2.83±0.31	—
G3304611G1	—	79.67±54.00	—	526.00±97.82	409.27±39.92	11.49±8.10	—
PL63627703G1	—	2.46±1.46	—	605.08±81.55	4.33±1.94	0.63±0.26	—

续　表

番茄品种	3-甲基丁醛	正己醛	顺-3-己烯醛	反-2-己烯醛	反-2-庚烯醛	苯乙醛	水杨酸甲酯
G3304711G1	—	1.31 ± 1.08	—	972.6 ± 70.18	8.65 ± 3.70	1.65 ± 1.52	—
G3304811G1	—	0.67 ± 0.18	—	487.27 ± 73.74	0.06 ± 0.01	0.30 ± 0.00	—
G3304911G1	—	0.79 ± 0.28	—	218.91 ± 26.20	335.58 ± 82.46	0.05 ± 0.02	—
G3305011G1	—	386.80 ± 25.46	—	233.38 ± 6.38	85.94 ± 29.28	1.11 ± 0.28	—
PL43887797G1	—	329.60 ± 14.82	—	185.86 ± 43.37	68.39 ± 13.73	3.95 ± 0.99	—
G3303811G1	—	327.59 ± 5.77	—	96.26 ± 18.74	77.53 ± 4.62	4.18 ± 2.07	—
G3304511G1	—	381.80 ± 126.77	—	250.78 ± 22.09	106.56 ± 35.8	4.63 ± 1.10	—
G3304011G1	—	2.14 ± 1.05	—	91.57 ± 31.76	0.88 ± 0.12	0.30 ± 0.09	—
PL44173997G1	—	437.40 ± 43.88	—	312.60 ± 59.49	96.47 ± 6.62	1.78 ± 0.17	—
PL64753397G1	—	7.75 ± 2.55	—	58.48 ± 20.37	0.50 ± 0.29	0.62 ± 0.17	—
G3306311G1	—	1.15 ± 0.28	—	68.78 ± 13.06	0.71 ± 0.01	0.55 ± 0.05	—
G3307711G1	—	1.44 ± 0.12	—	27.47 ± 4.50	0.60 ± 0.41	0.02 ± 0.00	—
G3307811G1	—	5.86 ± 2.18	—	145.18 ± 32.95	1.06 ± 0.18	0.53 ± 0.04	—
PL30381168A1	—	0.96 ± 0.50	—	46.14 ± 16.04	0.05 ± 0.00	0.41 ± 0.21	—
PL27021263A1	—	1.66 ± 0.47	—	96.74 ± 57.81	0.61 ± 0.13	0.48 ± 0.22	—
PL45201897G1	—	1.87 ± 1.01	—	358.18 ± 131.83	0.14 ± 0.04	2.58 ± 1.78	—
PL26595597G1	—	0.30 ± 0.00	—	82.83 ± 20.74	0.69 ± 0.09	0.14 ± 0.06	—

续 表

番茄品种	3-甲基丁醛	正己醛	顺-3-己烯醛	反-2-己烯醛	反-2-庚烯醛	苯乙醛	水杨酸甲酯
PL27022800G1	—	0.68 ± 0.31	—	401.83 ± 42.72	0.75 ± 0.15	3.19 ± 0.06	—
PL27023496G1	—	12.21 ± 1.75	—	198.20 ± 20.08	1.52 ± 0.18	1.19 ± 0.02	—
PL27023663A1	—	0.93 ± 0.40	—	223.76 ± 13.94	2.41 ± 1.60	1.32 ± 0.96	—
PL27023999G1	—	0.56 ± 0.02	—	415.77 ± 10.70	—	1.29 ± 0.87	—
PL27024163A1	—	200.06 ± 32.14	—	268.82 ± 23.35	2.21 ± 0.08	1.32 ± 0.23	—
PL27024963A1	—	15.45 ± 7.27	—	505.97 ± 27.63	1.87 ± 1.59	2.34 ± 0.45	—
PL27956562G1	—	526.80 ± 135.17	—	205.38 ± 58.04	185.00 ± 59.84	2.38 ± 0.61	—
PL30374965A1	—	507.92 ± 119.13	—	52.42 ± 14.02	127.79 ± 24.75	2.60 ± 0.41	—
PL30967272A1	—	1 013.99 ± 350.10	—	363.99 ± 4.87	156.98 ± 84.89	7.12 ± 3.48	—
G3300811G1	—	1 539.65 ± 294.64	—	273.27 ± 71.56	169.73 ± 38.88	14.43 ± 10.87	—
PL30966981A1	—	216.7 ± 0.31	—	230.66 ± 87.15	70.42 ± 1.18	1.17 ± 0.17	—
PL33991470A1	—	4 327.82 ± 390.92	—	1 401.89 ± 450.48	828.05 ± 98.18	7.97 ± 2.13	—
PL34112498G1	—	439.73 ± 18.53	—	164.13 ± 26.30	80.08 ± 69.16	2.97 ± 2.01	—
PL34113296G1	—	379.47 ± 81.14	—	215.57 ± 34.88	84.54 ± 60.16	1.51 ± 0.13	—
PL34113396G1	—	1 396.57 ± 9.98	—	801.82 ± 226.95	196.07 ± 41.12	2.85 ± 0.52	—
PL37009111A1	—	12.90 ± 2.74	—	151.70 ± 123.62	4.49 ± 4.47	0.32 ± 0.02	—
PL64521411G1	—	5.79 ± 0.46	—	1 337.00 ± 0.17	14.62 ± 14.49	0.10 ± 0.00	—
PL64536111G1	—	1 854.99 ± 193.36	—	1 114.35 ± 346.41	514.18 ± 124.83	14.31 ± 3.94	—

续 表

番茄品种	3-甲基丁醛	正己醛	顺-3-己烯醛	反-2-己烯醛	反-2-庚烯醛	苯乙醛	水杨酸甲酯
PL64712284A1	—	45.78±3.67	—	560.78±20.66	34.33±2.24	1.18±0.23	—
PL45196797G1	—	12.50±1.23	—	198.07±32.21	3.34±0.11	0.34±0.02	—
PL4519707G1	—	6.28±3.31	—	41.68±0.99	0.59±0.15	0.23±0.03	—
PL63630203G1	—	3.55±2.81	—	556.17±93.50	1.34±0.55	0.51±0.22	—
PL63851396G1	—	16.22±11.50	—	62.26±16.22	2.64±0.97	0.39±0.09	—
PL64537011G1	—	3.81±1.27	—	186.70±101.08	1.71±0.32	0.17±0.13	—
PL64538910G1	—	1.09±0.12	—	118.44±40.19	0.36±0.04	0.20±0.18	—
PL64539009G1	—	62.21±26.42	—	92.13±2.44	2.20±0.89	3.11±0.35	—
PL64539109G1	—	49.36±1.75	—	158.93±35.04	20.97±8.49	0.87±0.32	—
PL64539811G1	—	96.64±48.26	—	347.39±156.40	8.67±1.21	4.92±1.75	—
PL64731698G1	—	6.30±2.63	—	125.82±10.74	12.01±2.01	1.21±0.93	—
PL60090611G1	—	30.10±23.42	—	11.69±1.69	9.52±1.68	2.28±0.03	—
PL60090711G1	—	36.47±1.29	—	5.30±2.35	9.94±2.01	0.67±0.37	—
PL60092006G1	—	92.96±17.10	—	36.92±31.51	13.95±4.82	3.97±0.48	—
PL60092705G1	—	226.95±14.59	—	84.70±64.09	21.62±15.89	4.65±2.11	—
PL60093011G1	—	217.56±9.79	—	11.66±1.10	14.14±7.63	5.14±0.77	—
PL60113605G1	—	24.09±14.06	—	528.31±23.45	39.68±1.01	4.17±3.39	—
PL60116511G1	—	13.57±8.96	—	47.96±32.32	49.57±3.72	1.92±1.07	—

续 表

番茄品种	3-甲基丁醛	正己醛	顺-3-己烯醛	反-2-己烯醛	反-2-庚烯醛	苯乙醛	水杨酸甲酯
PL60117711G1	—	3 165.98±32.36	—	281.26±60.18	492.00±97.38	9.46±0.64	—
PL60117811G1	—	4 092.97±689.62	—	537.06±73.53	668.69±103.79	21.33±5.51	—
PL60119207G1	—	1 560.80±12.24	—	251.13±34.99	465.64±13.84	14.73±3.07	—
PL60141187110	—	490.37±190.76	—	112.05±39.07	130.93±44.46	8.86±2.03	—
PL55991294G1	—	201.66±12.21	—	101.22±15.50	144.95±32.25	4.45±1.21	—
C144	—	111.32±6.55	—	131.07±26.65	16.10±3.90	6.19±5.80	—
PL60134209G1	—	59.39±0.40	—	98.15±12.30	27.63±18.87	1.16±0.16	—
PL60139610G1	—	1 118.78±68.18	—	105.92±38.43	329.82±22.62	7.80±2.17	—
PL60144910G1	—	1 708.54±57.35	—	118.54±24.10	466.72±23.27	5.44±2.09	—
PL60145011G1	—	13.43±3.40	—	9.71±2.32	3.84±0.62	0.30±0.09	—
PL60151211G1	—	30.12±19.76	—	51.76±4.27	0.81±0.30	1.27±0.34	—
PL60160110G1	—	1.65±0.24	—	161.51±14.04	0.63±0.02	0.30±0.23	—
PL60162910G1	—	20.40±8.80	—	127.59±3.02	3.05±2.03	0.32±0.02	—
PL28625504G1	—	1.77±0.79	—	207.64±21.17	0.39±0.09	0.05±0.02	—
PL64748606G1	—	8.51±2.12	—	16.63±5.19	6.63±0.04	0.92±0.14	—
PL64730510G1	—	61.87±15.82	—	9.22±2.00	8.02±1.84	2.11±0.95	—
PL63626203G1	—	354.81±4.79	—	1 206.32±12.99	64.65±1.73	69.82±15.22	—
PL63921304G1	—	60.44±13.18	—	181.39±28.49	35.79±10.16	4.25±0.80	—

表 3-4　番茄"传家宝"资源果实的 14 种主要挥发性物质中酮、醇、苯类含量（单位：μg/g 鲜重）

番茄品种	1-戊烯-3-酮	6-甲基-5-庚烯-2-酮	β-紫罗酮	β-大马酮	顺-3-己烯醇	苯乙醇	1-硝基-2-乙基苯
P19753870A1	114.3±61.78	197.77±125.08	1.72±0.80	—	244.32±85.43	10.55±6.03	0.33±0.17
P19809706G1	44.76±10.51	212.95±12.95	5.81±3.18	—	232.3±32.3	15.56±5.87	1.49±0.96
P19978275A1	950.55±83.16	52 723.33±1 615.79	522±21.25	—	13 543.28±658.26	455.06±54.22	17.85±2.19
PL1098340 6G1	67.95±32.62	—	2.58±1.70	—	2.72±2.72	8.83±1.83	0.40±0.26
PL11756384A1	1.22±0.00	121.21±0.00	1.12±0.00	—	77.04±0.00	2.28±0.00	0.06±0.00
PL64751399G1	137.82±4.16	0.02±0.02	58.78±0.43	—	5 917.49±372.45	77.23±65.31	4.03±3.39
PL58445607G1	366.39±38.43	29 992.09±508.02	202.46±0.35	—	16 838.2±584.16	219.18±16.61	8.57±1.41
PL11878306G1	3.95±2.96	1 115.65±924.25	3.93±2.48	—	1 616.18±403.61	21.86±1.86	0.28±0.23
PL12166206G1	1.56±0.44	247.97±29.09	1.39±0.46	—	275.03±37.04	10.72±0.37	0.27±0.02
PL12403596G1	7.78±2.07	1 462.89±204.20	6.15±0.83	—	2 030.93±402.10	82.21±6.45	0.39±0.04
PL12403787G1	3.87±2.16	388.79±3.59	1.44±0.60	—	361.47±190.49	7.99±3.74	0.84±0.41
PL12583106G1	4.77±0.75	819.28±14.17	3.06±0.35	—	831.37±80.49	27.82±8.22	0.66±0.01
PL12782008G1	5.47±3.42	516.35±311.52	3.94±2.74	—	552.76±367.17	58.92±35.88	2.76±1.65
PL12782508G1	21.7±4.13	846.15±45.83	10.6±1.69	—	1 413.42±323.91	44.72±6.61	1.36±0.08
PL12858695G1	5.99±0.32	1 202.07±233.98	2.75±0.21	—	1 161.85±163.14	41.86±5.69	1.89±0.36
PL12859208G1	94.13±10.32	201.27±3.93	1.75±0.25	—	102.88±42.74	2.40±0.05	0.10±0.00
PL12902608G1	250.3±3.94	2 146.04±416.1	7.39±2.65	—	2 568.58±415.54	34.84±2.45	0.64±0.13

续 表

番茄品种	1-戊烯-3-酮	6-甲基-5-庚烯-2-酮	β-紫罗酮	β-大马酮	顺-3-己烯醇	苯乙醇	1-硝基-2-乙基苯
PL12903308G1	179.26±30.13	180.34±142.51	1.55±1.25	—	568.17±447.97	2.53±1.91	0.09±0.07
PL12908408G1	115.66±18.29	88.32±80.66	1.38±0.26	—	142.19±4.26	1.00±0.12	0.04±0.00
PL12912806G1	207.79±85.96	342.75±133.65	3.01±1.12	—	271.77±103.78	13.62±4.02	0.40±0.13
PL12914208G1	75.27±2.44	167.66±10.49	1.15±0.05	—	182.96±13.07	11.78±5.84	0.73±0.19
PL15537208G1	60.68±0.31	114.05±113.91	1.44±0.09	—	202.62±6.79	2.11±0.11	0.12±0.02
PL15799368A1	68.84±8.35	426.81±13.14	5.12±1.12	—	421.94±31.21	2.28±0.14	0.12±0.00
PL15876006G1	72.72±5.84	170.41±0.19	1.57±0.14	—	192.76±5.47	4.10±0.21	0.26±0.00
PL15900970A1	229.77±21.68	897.75±216.07	7.19±2.30	—	1 029.02±339.64	14.11±2.49	0.83±0.24
PL15919806G1	3.53±0.64	517.30±84.73	5.90±1.83	—	585.38±118.69	6.02±0.33	0.25±0.04
PL19629700G1	14.6±1.41	577.12±38.13	5.14±0.04	—	883.73±20.57	90.58±19.25	0.51±0.05
PL21206269A1	72.96±5.21	178.43±5.78	1.55±0.24	—	254.56±8.19	8.31±0.93	0.25±0.02
PL25847407G1	121.75±5.11	207.71±17.65	3.04±0.48	—	287.69±10.32	5.65±0.44	0.38±0.04
PL25847806G1	556.3±65.19	1 128.75±137.26	22.22±3.92	—	1 122.86±174.96	5.75±1.63	0.30±0.09
PL26299507G1	38.24±23.06	653.74±67.20	6.13±0.71	—	878.11±31.28	4.98±0.77	0.62±0.04
PL26810772A1	219.73±112.54	810.95±203.53	11.00±2.62	—	1 153.73±261.62	55.70±19.18	5.86±1.34
PL27020606G1	2.31±1.38	422.18±244.08	8.99±4.31	—	374.29±3.50	6.12±3.11	0.51±0.32
PL27040861A1	5.69±0.97	617.91±50.45	9.52±1.55	—	905.90±4.54	65.03±24.04	3.19±0.02

续　表

番茄品种	1-戊烯-3-酮	6-甲基-5-庚烯-2-酮	β-紫罗酮	β-大马酮	顺-3-己烯醇	苯乙醇	1-硝基-2-乙基苯
PL27043096G1	45.27±39.99	649.30±16.46	6.82±0.09	—	701.62±20.32	102.55±8.83	4.94±0.27
PL27270306G1	10.93±9.93	363.54±184.72	4.00±2.66	—	538±125.25	10.74±1.67	0.73±0.30
PL28155506G1	37.37±9.81	152.06±13.03	1.81±0.01	—	165.23±3.76	4.70±1.26	0.55±0.09
PL29133706G1	238.37±163.76	608.46±61.34	6.63±4.70	—	815.07±601.18	22.67±16.04	2.19±1.59
PL29463806G1	113.38±27.38	172.16±25.21	1.33±0.34	—	221.24±24.58	4.57±0.75	0.33±0.04
PL34113406G1	1 607.71±42.27	4 120.13±563.06	38.44±2.71	—	5 355.55±167.75	244.27±36.74	21.09±0.35
PL39051075A1	55.19±10.81	61.33±11.20	1.03±0.20	—	118.65±9.47	5.79±0.36	0.20±0.01
PL4069 5276A1	423.24±1.90	817.05±76.83	7.33±1.21	—	476.95±42.32	9.96±1.94	1.45±0.24
PL45202606G1	86.63±40.96	255.25±130.01	1.30±0.85	—	159.16±50.51	21.23±11.61	1.70±0.91
PL45202706G1	57.38±5.69	155.13±8.12	0.78±0.07	—	86.14±0.40	2.30±0.04	0.28±0.01
PL50531706G1	63.63±4.35	157.32±1.06	0.63±0.00	—	111.55±9.20	1.30±0.02	0.24±0.00
PL64744505G1	8 192±777.59	28 549.89±2074.7	137.7±16.73	—	25 037.53±1 121.84	880.84±37.11	126.64±23.08
PL647447	65.26±11.86	164.00±13.48	0.73±0.02	—	122.01±25.84	6.89±0.16	0.46±0.04
PL64755601G1	88.90±0.45	149.82±4.69	0.81±0.05	—	184.30±3.75	8.93±8.93	0.68±0.06
PL64756602G1	45.25±0.33	208.81±4.43	1.72±0.06	—	145.50±4.40	5.59±0.10	0.89±0.03
PL64752396G1	273.55±213.24	761.71±593.75	9.13±7.10	—	759.55±582.38	2.69±1.71	0.47±0.32
PL3301011G1	27.25±17.00	439.36±307.54	1.67±1.07	—	196.05±144.66	15.02±9.66	0.82±0.47

续 表

番茄品种	1-戊烯-3-酮	6-甲基-5-庚烯-2-酮	β-紫罗酮	β-大马酮	顺-3-己烯醇	苯乙醇	1-硝基-2-乙基苯
PL45199379A1	4 564.6±532.76	13 373.16±2 219.36	260.57±40.74	—	9 951.19±123.92	105.68±4.69	12.45±12.32
G3301210G1	—	2 852.47±61.83	30.82±5.89	0.83±0.17	5 995.10±1 030.39	112.33±10.90	—
G3301111G1	59.61±14.12	156.43±22.86	1.60±0.26	—	146.06±18.96	4.02±0.63	0.25±0.03
PL63921104G1	86.84±14.09	141.06±3.48	1.55±0.10	—	122.22±11.75	4.30±2.50	0.22±0.01
G3301311G11	910.5±144.23	2 698.18±464.81	27.26±6.07	—	1 868.81±236.64	37.12±34.54	2.14±1.97
G3301410G1	35.45±0.85	106.88±12.17	0.92±0.03	—	129.85±22.51	0.76±0.02	0.06±0.00
PL27018601G1	16.04±4.80	128.54±2.36	0.64±0.01	—	150.06±21.25	2.79±1.23	0.16±0.00
PL23425473A1	41.15±1.69	4.76±0.11	0.12±0.01	—	159.68±2.10	3.85±1.24	0.73±0.01
G3301711G1	42.79±4.91	135.03±8.86	0.79±0.29	—	114.58±8.30	0.37±0.13	0.07±0.02
G3308411G1	36.76±3.36	130.35±6.55	0.49±0.01	—	65.34±0.25	2.94±0.09	0.04±0.00
PL6450809G1	63.86±5.09	164.32±1.48	0.98±0.04	—	151.58±9.65	6.34±0.06	0.06±0.00
PL270198906I	77.20±2.49	147.10±8.56	0.88±0.11	—	85.80±21.83	1.94±0.44	0.04±0.00
G3308311G1	79.28±13.56	249.59±36.79	1.27±0.04	—	195.98±13.37	5.37±0.36	0.12±0.00
PL27020270A1	53.89±15.36	213.94±7.27	1.31±0.03	—	134.86±11.85	2.25±0.09	0.06±0.00
PL45199079A1	82.97±10.02	207.85±15.47	1.58±0.34	—	94.93±3.70	3.05±1.06	0.07±0.02
PL63921504G1	33.06±0.31	147.71±2.73	1.58±0.24	—	145.13±28.2	0.77±0.19	0.04±0.00
PL29085705G1	—	2 138.81±553.22	12.92±2.36	—	4 427.7±266.18	61.79±7.36	—

续　表

番茄品种	1-戊烯-3-酮	6-甲基-5-庚烯-2-酮	β-紫罗酮	β-大马酮	顺-3-己烯醇	苯乙醇	1-硝基-2-乙基苯
G3301810G1	83.77±1.07	150.84±25.67	0.33±0.00	—	106.31±38.98	1.17±0.22	0.04±0.01
PL64719603G1	49.00±1.90	122.14±4.01	0.64±0.10	—	83.53±3.43	0.72±0.00	0.02±0.00
PL12899001G1	69.15±17.6	158.16±35.52	0.66±0.01	—	72.35±0.27	14.01±3.33	0.32±0.05
G3301911G1	134.74±12.16	165.54±7.65	0.44±0.03	—	249.9±32.04	1.21±0.49	0.04±0.00
PL25043604G1	67.85±5.76	173.92±7.49	1.09±0.02	—	216.62±8.11	10.38±1.05	0.67±0.03
G3302511G11	48.84±5.12	191.15±18.90	1.13±0.20	—	126.95±3.84	4.19±1.62	0.31±0.05
G3302010G1	25.71±3.55	190.48±1.79	1.64±0.29	—	154.00±17.69	2.93±0.47	0.26±0.02
PL33993896G1	37.06±5.00	161.07±7.12	1.23±0.20	—	145.18±6.52	1.84±0.48	0.22±0.00
PL64504811G11	41.00±2.10	122.30±3.24	0.62±0.19	—	104.76±8.24	2.43±0.39	0.09±0.00
PL30381004G1	—	49.14±8.10	0.77±0.04	—	1 190.84±162.33	41.27±3.46	—
PL63920804G1-01	—	58.90±17.13	0.36±0.07	—	275.84±16.76	25.52±0.02	—
G3300910G1	—	1 021.79±38.86	2.87±0.04	—	704.81±20.18	38.38±4.44	—
PL63920804G1-02	—	6 235.82±66.94	6.90±1.43	—	7 566.06±379.53	62.41±9.19	—
PL64488511G1	—	4 976.07±311.25	6.72±1.98	—	3 984.26±173.98	24.33±0.24	—
PL30377469A1	—	5 451.74±10.14	9.39±2.43	—	5 939.53±594.14	72.49±5.15	—
G3304611G1	—	2 162.80±301.60	3.91±0.33	—	2 311.89±257.54	86.37±14.30	—
PL63627703G1	—	2 786.96±311.25	4.00±0.41	—	3 385.24±272.14	15.36±0.89	—

续 表

番茄品种	1-戊烯-3-酮	6-甲基-5-庚烯-2-酮	β-紫罗酮	β-大马酮	顺-3-己烯醇	苯乙醇	1-硝基-2-乙基苯
G3304711G1	—	1 983.06±236.1	6.64±0.80	0.08±0.03	1 415.25±95.78	37.55±4.83	—
G3304811G1	—	3 552.59±358.63	6.37±1.11	—	1 795.28±355.71	34.98±7.47	—
G3304911G1	—	1 509.87±112.61	2.66±0.45	—	697.24±95.98	32.38±1.41	—
G3305011G1	—	780.56±143.68	2.11±0.25	0.01±0.01	529.31±184.37	7.46±3.97	—
PL43887797G1	—	887.55±153.74	1.06±0.07	—	1 238.49±393.13	22.36±6.14	—
G3303811G1	—	894.70±126.33	2.48±0.57	—	567.87±94.92	43.75±3.09	—
G3304511G1	—	829.82±148.49	1.75±0.24	0.07±0.00	1 135.81±168.11	31.47±2.39	—
G3304011G1	—	1 167.53±80.22	4.07±0.02	0.07±0.03	425.63±112.79	12.62±4.02	—
PL44173997G1	—	734.66±112.90	1.67±0.21	—	880.14±27.64	16.90±4.48	—
PL64753397G1	—	943.24±41.67	1.79±0.07	—	495.17±30.27	4.67±0.97	—
G3306311G1	—	548.99±108.55	2.10±0.01	—	809.89±213.68	19.23±0.39	—
G3307711G1	—	1 394.21±123.25	1.89±0.18	—	1 029.11±297.03	6.55±0.75	—
G3307811G1	—	2 522.20±63.36	2.25±0.17	—	3 829.78±566.40	19.36±4.80	—
PL30381168A1	—	69.11±28.12	1.99±0.64	—	2 176.43±133.71	10.06±3.27	—
PL27021263A1	—	2 926.56±95.08	6.01±0.99	0.08±0.00	2 615.29±209.48	16.40±1.87	—
PL45201897G1	—	11 291.26±410.57	7.03±1.46	0.09±0.07	3 612.12±221.12	67.59±10.25	—
PL26595597G1	—	1 472.36±62.64	1.64±0.19	—	1 256.78±149.99	22.43±3.62	—

续 表

番茄品种	1-戊烯-3-酮	6-甲基-5-庚烯-2-酮	β-紫罗兰酮	β-大马酮	顺-3-己烯醇	苯乙醇	1-硝基-2-乙基苯
PL27022800G1	—	5 125.64±982.07	7.35±0.60	0.13±0.05	2 909.45±503.63	40.96±1.79	—
PL27023496G1	—	1 204.64±29.98	6.56±0.09	0.12±0.01	2 109.32±211.90	34.50±1.19	—
PL27023663A1	—	1 925.42±171.64	3.70±1.10	0.01±0.01	2 302.36±447.24	23.83±0.87	—
PL27023999G1	—	3 339.87±402.10	4.62±1.47	—	2 584.00±194.71	43.24±11.05	—
PL27024163A1	—	3 098.80±308.54	4.49±1.00	0.14±0.02	1 988.20±91.20	49.90±6.68	—
PL27024963A1	—	2 286.26±385.38	1.01±0.10	0.02±0.02	611.55±32.13	42.71±9.09	—
PL27956562G1	—	506.21±160.59	12.57±0.49	0.35±0.06	1 095.94±373.18	15.25±4.46	—
PL30374965A1	—	768.27±262.28	2.65±0.78	0.06±0.00	1 142.02±433.37	3.14±1.06	—
PL30967272A1	—	2 845.28±150.61	6.67±0.13	0.81±0.08	5 829.23±1 383.17	11.95±5.51	—
G3300811G1	—	786.86±211.39	51.67±1.59	0.48±0.01	1 340.49±162.39	12.39±3.92	—
PL30966981A1	—	1 621.47±478.02	4.31±1.69	—	2 364.76±91.68	50.52±33.41	—
PL33991470A1	—	9 559.6±257.36	14.08±0.19	0.41±0.01	6 211.99±809.37	47.32±15.35	—
PL34112498G1	—	2 022.63±362.85	5.26±0.12	—	1 208.48±30.67	13.80±1.31	—
PL34113296G1	—	516.36±94.49	2.51±0.02	0.08±0.02	1 121.32±441.48	51.34±14.63	—
PL34113396G1	—	3 784.85±212.34	11.99±1.11	0.13±0.07	4 398.81±481.61	17.05±2.08	—
PL37009111A1	—	7 311.81±48.70	12.79±6.36	0.14±0.04	1 339.01±192.59	31.79±12.71	—
PL64521411G1	—	5 474.04±963.19	9.14±0.36	—	10 718.83±1 734.00	68.47±1.10	—
PL64536111G1	—	4 285.43±115.52	6.17±1.13	—	5 445.53±467.18	90.16±15.92	—

续　表

番茄品种	1-戊烯-3-酮	6-甲基-5-庚烯-2-酮	β-紫罗酮	β-大马酮	顺-3-己烯醇	苯乙醇	1-硝基-2-乙基苯
PL64712284A1	—	3 454.31±132.21	5.67±0.89	—	3 023.45±200.05	34.45±5.56	—
PL45196797G1	—	1 232.21±103.34	3.32±0.78	—	789.76±98.90	16.60±0.25	—
PL4519707G1	—	1 599.65±338.72	1.73±0.14	—	655.09±201.55	10.66±0.75	—
PL63630203G1	—	597.55±1.56	2.30±0.09	0.11±0.01	202.36±65.91	217.96±13.51	—
PL63851396G1	—	5 379.31±847.01	7.32±1.51	0.20±0.00	5 313.03±1 113.50	74.45±11.89	—
PL64537011G1	—	2 507.78±218.60	2.97±0.37	—	2 419.45±218.97	30.06±2.24	—
PL64538910G1	—	2 622.83±647.91	5.63±2.17	0.09±0.00	1 707.91±392.65	39.74±7.55	—
PL64539009G1	—	2 445.02±284.72	4.12±0.28	0.12±0.00	676.73±109.70	19.78±6.74	—
PL64539109G1	—	5 564.88±497.96	11.3±1.09	0.15±0.00	4 318.22±2 733.06	18.05±0.78	—
PL64539811G1	—	4 481.57±121.38	15.16±0.63	0.92±0.23	2 572.39±295.83	149.61±61.03	—
PL64731698G1	—	7 535.83±893.52	9.22±1.50	0.28±0.02	5 462.60±144.07	142.32±3.55	—
PL60090611G1	—	3 571.79±323.34	12.19±1.70	0.45±0.15	1 851.40±566.48	52.87±5.08	—
PL60090711G1	—	2 745.45±976.55	5.33±1.57	—	1 695.47±868.09	43.87±4.87	—
PL60092006G1	—	4 168.61±368.16	5.61±0.29	0.15±0.05	2 052.78±194.88	42.57±3.73	—
PL60092705G1	—	7 401.29±1 066.61	12.31±2.19	0.37±0.03	2 300.44±595.07	46.51±25.49	—
PL60093011G1	—	4 549.83±287.66	6.83±0.22	—	1 981.22±186.25	39.22±7.60	—
PL60113605G1	—	4 908.43±160.22	2.73±1.79	—	2 067.87±260.46	96.51±37.23	—
PL60116511G1	—	7 669.04±593.69	4.80±0.99	—	2 302.55±751.32	76.68±9.26	—

续　表

番茄品种	1-戊烯-3-酮	6-甲基-5-庚烯-2-酮	β-紫罗酮	β-大马酮	顺-3-己烯醇	苯乙醇	1-硝基-2-乙基苯
PL60117711G1	—	6 723.45±792.61	4.21±0.75	0.66±0.17	4 697.24±750.62	12.45±6.73	—
PL60117811G1	—	6 677.30±616.04	17.34±3.57	0.80±0.07	6 849.75±456.38	70.30±6.69	—
PL60119207G1	—	3 636.77±306.16	6.65±0.37	0.45±0.05	2 144.77±299.43	51.32±3.77	—
PL60141187110	—	71.37±5.50	1.27±0.16	—	3 000.94±329.44	99.82±14.65	—
PL55991294G1	—	1 006.88±98.50	3.34±0.11	—	2 321.54±123.34	64.54±3.56	—
C144	—	1 779.24±941.19	9.35±3.84	—	105.43±9.39	15.37±2.94	—
PL60134209G1	—	345.77±48.06	13.23±3.07	—	8 802.25±265.17	77.29±14.09	—
PL60139610G1	—	5 006.25±938.73	5.93±1.89	0.65±0.13	2 920.73±381.86	74.91±13.47	—
PL60144910G1	—	2 906.65±880.54	9.75±3.43	0.46±0.16	2 143.61±831.13	5.73±0.60	—
PL60145011G1	—	1 657.50±56.20	1.68±0.22	—	1 217.73±69.87	7.25±0.16	—
PL60151211G1	—	2 485.01±392.45	3.93±0.01	—	2 047.34±54.51	13.17±0.59	—
PL60160110G1	—	1 638.93±37.89	2.70±1.08	—	1 631.41±393.29	37.44±9.92	—
PL60162910G1	—	2 870.37±329.71	3.34±0.72	0.19±0.01	1 804.39±343.46	11.65±2.67	—
PL28625504G1	—	2 451.47±424.68	4.16±0.52	—	1 380.19±131.37	9.69±1.54	—
PL64748606G1	—	4 993.22±213.87	10.47±0.21	0.22±0.02	4 188.43±230.38	15.95±1.62	—
PL64730510G1	—	2 270.61±84.00	3.16±0.11	—	999.62±146.85	26.43±9.35	—
PL63626203G1	—	4 601.67±109.33	24.2±2.23	—	34 073.41±449.59	319.33±11.19	—
PL63921304G1	—	2 490.82±234.37	44.82±5.59	—	2 611.38±23.57	144.1±26.57	—

表3–5 番茄"传家宝"资源果实的可溶性糖和有机酸含量

番茄品种	果糖含量/(mg/g鲜重)	葡萄糖含量/(mg/g鲜重)	蔗糖含量/(mg/g鲜重)	柠檬酸含量/(mg/g鲜重)	苹果酸含量/(mg/g鲜重)	琥珀酸含量/(mg/g鲜重)	奎宁酸含量/(mg/g鲜重)	总糖含量/(mg/g鲜重)	总酸含量/(mg/g鲜重)	糖酸比
P19753870A1	0.2115±0.0075	1.2498±0.0237	0.0005±0.0001	0.1055±0.0139	0.0263±0.0047	0.0040±0.0039	0.0003±0.0000	1.4618±0.0313	0.1361±0.0225	10.7406
P19809706G1	0.2591±0.0078	1.5695±0.0274	0.0012±0.0000	0.1176±0.0047	0.0635±0.0047	0.0001±0.0000	0.0004±0.0001	1.8298±0.0352	0.1816±0.0095	10.0760
P19978275A1	0.2551±0.0171	1.5595±0.1120	0.0004±0.0000	0.0775±0.0051	0.0320±0.0045	0.0002±0.0000	0.0006±0.0000	1.8150±0.1291	0.1103±0.0096	16.4551
PL10983406G1	0.1802±0.0235	0.9173±0.1675	0.0005±0.0000	0.1223±0.0012	0.0552±0.0006	0.0011±0.0001	0.0003±0.0000	1.0980±0.1910	0.1789±0.0019	6.1375
PL11756384A1	0.2015±0.0158	1.2812±0.0493	0.0002±0.0000	0.0411±0.0010	0.0345±0.0006	0.0001±0.0000	0.0005±0.0000	1.4829±0.0651	0.0762±0.0016	19.4606
PL64751399G1	0.2531±0.0059	1.5003±0.0402	0.0004±0.0001	0.1290±0.0035	0.0420±0.0001	0.0050±0.0050	0.0005±0.0000	1.7538±0.0462	0.1765±0.0095	9.9365
PL58445607G1	0.2093±0.0326	1.2114±0.1576	0.0003±0.0000	0.0696±0.0077	0.0183±0.0039	0.0047±0.0046	0.0003±0.0000	1.4210±0.1902	0.0929±0.0162	15.2960
PL11878306G1	0.2049±0.0092	0.8318±0.0143	0.0003±0.0000	0.0863±0.0073	0.0344±0.0015	0.0002±0.0001	0.0003±0.0000	1.0370±0.0235	0.1212±0.0089	8.5561
PL12166206G1	0.1885±0.0063	1.1156±0.0819	0.0003±0.0000	0.0566±0.0005	0.0199±0.0013	0.0001±0.0000	0.0004±0.0001	1.3044±0.0882	0.0770±0.0019	16.9403
PL12403596G1	0.2131±0.0024	1.1002±0.0046	0.0002±0.0000	0.0616±0.0033	0.0371±0.0000	0.0001±0.0000	0.0004±0.0000	1.3135±0.0070	0.0992±0.0056	13.2409
PL12403787G1	0.1885±0.0205	1.2125±0.2322	0.0003±0.0000	0.0742±0.0062	0.0364±0.0014	0.0005±0.0000	0.0004±0.0000	1.4013±0.2527	0.1115±0.0076	12.5677
PL12583106G1	0.1585±0.0131	0.7783±0.1120	0.0002±0.0000	0.0538±0.0035	0.0247±0.0007	0.0002±0.0001	0.0003±0.0000	0.9370±0.1251	0.0790±0.0043	11.8608
PL12782008G1	0.2349±0.0190	1.3099±0.1652	0.0007±0.0001	0.1301±0.0116	0.0206±0.0021	0.0001±0.0000	0.0006±0.0001	1.5455±0.1843	0.1514±0.0138	10.2081
PL12782508G1	0.2154±0.0013	1.2145±0.0300	0.0006±0.0000	0.1124±0.0004	0.0143±0.0002	0.0006±0.0005	0.0007±0.0000	1.4305±0.0313	0.1280±0.0011	11.1758
PL12858695G1	0.2058±0.0035	1.2353±0.0271	0.0004±0.0001	0.0819±0.0018	0.0065±0.0010	0.0001±0.0000	0.0003±0.0000	1.4415±0.0307	0.0888±0.0028	16.2331
PL12859208G1	0.2899±0.0951	0.0039±0.0035	0.0006±0.0001	0.0667±0.0049	0.0414±0.0036	0.0001±0.0000	0.0004±0.0001	0.2944±0.0987	0.1086±0.0086	2.7109

续 表

番茄品种	果糖含量/ (mg/g 鲜重)	葡萄糖含量/ (mg/g 鲜重)	蔗糖含量/ (mg/g 鲜重)	柠檬酸含量/ (mg/g 鲜重)	苹果酸含量/ (mg/g 鲜重)	琥珀酸含量/ (mg/g 鲜重)	奎宁酸含量/ (mg/g 鲜重)	总糖含量/ (mg/g 鲜重)	总酸含量/ (mg/g 鲜重)	糖酸比
PL12902608G1	0.1710±0.0294	0.7071±0.0873	0.0007±0.0000	0.0960±0.0063	0.0134±0.0044	0.0001±0.0000	0.0002±0.0001	0.8788±0.1167	0.1097±0.0108	8.0109
PL12903308G1	0.1655±0.0113	1.0122±0.0940	0.0009±0.0002	0.1251±0.0180	0.0109±0.0014	0.0001±0.0000	0.0002±0.0000	1.1786±0.1055	0.1363±0.0194	8.6471
PL12908408G1	0.2215±0.0062	1.2900±0.0768	0.0004±0.0000	0.0680±0.0030	0.0496±0.0011	0.0001±0.0000	0.0003±0.0001	1.5119±0.0830	0.1180±0.0042	12.8127
PL12912806G1	0.2370±0.0285	1.2440±0.1605	0.0004±0.0000	0.0416±0.0059	0.0313±0.0012	0.0001±0.0000	0.0006±0.0000	1.4814±0.1890	0.0736±0.0071	20.1277
PL12914208G1	0.1756±0.0023	0.9500±0.0514	0.0005±0.0000	0.0822±0.0039	0.0276±0.0020	0.0001±0.0000	0.0005±0.0000	1.1261±0.0537	0.1104±0.0059	10.2002
PL15537208G1	0.1606±0.0125	0.7421±0.0797	0.0003±0.0000	0.0643±0.0058	0.0314±0.0012	0.0002±0.0000	0.0004±0.0001	0.9030±0.0922	0.0963±0.0071	9.3769
PL15799368A1	0.2093±0.0049	1.2029±0.0020	0.0005±0.0000	0.0657±0.0089	0.0203±0.0015	0.0001±0.0000	0.0004±0.0001	1.4127±0.0069	0.0865±0.0105	16.3318
PL15876006G1	0.1836±0.0052	1.2393±0.0019	0.0005±0.0000	0.0729±0.0035	0.0069±0.0002	0.0001±0.0000	0.0003±0.0000	1.4234±0.0071	0.0802±0.0037	17.7481
PL15900970A1	0.1739±0.0012	1.0850±0.0397	0.0004±0.0000	0.0725±0.0017	0.0081±0.0001	0.0001±0.0000	0.0003±0.0000	1.2593±0.0409	0.0810±0.0018	15.5469
PL15919806G1	0.2163±0.0005	1.2997±0.0131	0.0003±0.0000	0.0551±0.0078	0.0203±0.0019	0.0001±0.0000	0.0003±0.0000	1.5163±0.0136	0.0758±0.0097	20.0040
PL19629700G1	0.2229±0.0100	1.4160±0.0835	0.0005±0.0000	0.1060±0.0003	0.0079±0.0007	0.0001±0.0000	0.0004±0.0000	1.6394±0.0935	0.1144±0.0010	14.3304
PL21206269A1	0.2037±0.0011	1.1450±0.1009	0.0006±0.0001	0.1039±0.0096	0.0191±0.0040	0.0001±0.0000	0.0004±0.0000	1.3493±0.1021	0.1235±0.0136	10.9255
PL25847407G1	0.2319±0.0006	1.3419±0.0393	0.0005±0.0000	0.0732±0.0017	0.0131±0.0008	0.0001±0.0000	0.0003±0.0000	1.5743±0.0399	0.0867±0.0025	18.1580
PL25847806G1	0.1391±0.0141	0.7398±0.1109	0.0006±0.0000	0.0954±0.0177	0.0141±0.0010	0.0001±0.0000	0.0003±0.0000	0.8795±0.1250	0.1099±0.0187	8.0027
PL26299507G1	0.1999±0.0162	1.4242±0.1016	0.0002±0.0000	0.0737±0.0099	0.0238±0.0046	0.0001±0.0000	0.0003±0.0000	1.6243±0.1178	0.0979±0.0145	16.5914
PL26810772A1	0.1917±0.0102	1.3971±0.0460	0.0003±0.0000	0.0355±0.0032	0.0021±0.0003	0.0001±0.0000	0.0003±0.0000	1.5891±0.0562	0.0380±0.0035	41.8184

续 表

番茄品种	果糖含量/(mg/g鲜重)	葡萄糖含量/(mg/g鲜重)	蔗糖含量/(mg/g鲜重)	柠檬酸含量/(mg/g鲜重)	苹果酸含量/(mg/g鲜重)	琥珀酸含量/(mg/g鲜重)	奎宁酸含量/(mg/g鲜重)	总糖含量/(mg/g鲜重)	总酸含量/(mg/g鲜重)	糖酸比
PL27020606G1	0.3006±0.0098	1.7687±0.0933	0.0008±0.0000	0.0863±0.0029	0.0095±0.0013	0.0002±0.0000	0.0004±0.0000	2.0701±0.1031	0.0964±0.0042	21.4741
PL27040861A1	0.2407±0.0156	1.5441±0.0960	0.0006±0.0000	0.0984±0.0108	0.0066±0.0004	0.0001±0.0000	0.0004±0.0000	1.7854±0.1116	0.1055±0.0112	16.9232
PL27043096G1	0.2080±0.0010	1.3233±0.0324	0.0006±0.0000	0.1173±0.0010	0.0093±0.0001	0.0001±0.0000	0.0003±0.0000	1.5319±0.0334	0.1270±0.0001	12.0622
PL27270306G1	0.2316±0.0221	1.0455±0.1668	0.0007±0.0001	0.0663±0.0132	0.0098±0.0028	0.0001±0.0000	0.0003±0.0000	1.2778±0.1890	0.0765±0.0160	16.7033
PL28155506G1	0.1378±0.0610	1.4582±0.0959	0.0006±0.0000	0.0664±0.0048	0.0038±0.0002	0.0002±0.0000	0.0004±0.0000	1.5966±0.1569	0.0708±0.0050	22.5508
PL29133706G1	0.1952±0.0079	0.8487±0.3541	0.0002±0.0000	0.0629±0.0040	0.0144±0.0003	0.0001±0.0000	0.0003±0.0000	1.0441±0.3620	0.0777±0.0043	13.4376
PL29463806G1	0.1977±0.0111	1.4957±0.1110	0.0004±0.0000	0.0647±0.0021	0.0265±0.0006	0.0001±0.0000	0.0004±0.0000	1.6938±0.1221	0.0917±0.0027	18.4711
PL34113406G1	0.3049±0.1414	1.9717±0.9061	0.0002±0.0000	0.1071±0.0348	0.0167±0.0079	0.0002±0.0000	0.0009±0.0004	2.2768±1.0475	0.1249±0.0432	18.2290
PL39051075A1	0.1812±0.0047	1.0704±0.0312	0.0005±0.0001	0.1268±0.0028	0.0107±0.0010	0.0001±0.0000	0.0002±0.0000	1.2521±0.0360	0.1378±0.0038	9.0864
PL40695276A1	0.2192±0.0048	1.4678±0.0713	0.0002±0.0000	0.0759±0.0078	0.0039±0.0008	0.0002±0.0000	0.0003±0.0000	1.6872±0.0761	0.0803±0.0086	21.0112
PL45202606G1	0.1884±0.0265	1.4879±0.0581	0.0003±0.0000	0.0773±0.0004	0.0057±0.0004	0.0001±0.0000	0.0002±0.0000	1.6766±0.0846	0.0833±0.0004	20.1273
PL45202706G1	0.1765±0.0315	0.9429±0.3300	0.0003±0.0001	0.1112±0.0083	0.0465±0.0125	0.0001±0.0000	0.0003±0.0000	1.1197±0.3616	0.1581±0.0208	7.0822
PL50531706G1	0.2211±0.0149	1.6166±0.0439	0.0003±0.0000	0.0747±0.0024	0.0171±0.0006	0.0001±0.0000	0.0004±0.0000	1.8380±0.0588	0.0923±0.0030	19.9133
PL64744505G1	0.2121±0.0193	1.3391±0.0703	0.0002±0.0000	0.0543±0.0009	0.0118±0.0014	0.0001±0.0000	0.0034±0.0024	1.5514±0.0896	0.0696±0.0047	22.2902
PL647447	0.1979±0.0298	1.2720±0.2846	0.0002±0.0000	0.0626±0.0128	0.0067±0.0026	0.0001±0.0000	0.0005±0.0000	1.4701±0.3144	0.0699±0.0154	21.0315
PL64755601G1	0.2295±0.0027	1.6765±0.0169	0.0008±0.0000	0.0703±0.0062	0.0054±0.0004	0.0001±0.0000	0.0005±0.0000	1.9068±0.0196	0.0763±0.0066	24.9908

续 表

番茄品种	果糖含量 / (mg/g 鲜重)	葡萄糖含量 / (mg/g 鲜重)	蔗糖含量 / (mg/g 鲜重)	柠檬酸含量 / (mg/g 鲜重)	苹果酸含量 / (mg/g 鲜重)	琥珀酸含量 / (mg/g 鲜重)	奎宁酸含量 / (mg/g 鲜重)	总糖含量 / (mg/g 鲜重)	总酸含量 / (mg/g 鲜重)	糖酸比
PL64756602G1	0.1390±0.0012	1.5089±0.0167	0.0006±0.0000	0.0903±0.0002	0.0076±0.0003	0.0001±0.0000	0.0005±0.0000	1.6485±0.0179	0.0985±0.0005	16.7360
PL64752396G1	0.3869±0.0913	1.7232±0.0140	0.0007±0.0001	0.0704±0.0001	0.0229±0.0029	0.0001±0.0000	0.0004±0.0001	2.1108±0.1054	0.0938±0.0031	22.5032
PL3301011G1	0.1961±0.0046	1.7634±0.1065	0.0005±0.0000	0.0626±0.0009	0.0056±0.0010	0.0001±0.0000	0.0002±0.0000	1.9600±0.1111	0.0685±0.0019	28.6131
PL45199379A1	0.1085±0.1079	1.3406±0.0194	0.0004±0.0000	0.0492±0.0014	0.0199±0.0001	0.0001±0.0000	0.0003±0.0000	1.4495±0.1273	0.0695±0.0015	20.8561
G3301210G1	0.1329±0.0062	0.4501±0.4009	0.0004±0.0001	0.0575±0.0255	0.0277±0.0031	0.0001±0.0000	0.0002±0.0000	0.5834±0.4072	0.0855±0.0286	6.8234
G3301111G1	0.2984±0.1822	2.0592±0.0047	0.0006±0.0000	0.0765±0.0070	0.0143±0.0008	0.0001±0.0000	0.0004±0.0000	2.3582±0.1869	0.0913±0.0078	25.8291
PL63921104G1	0.2133±0.0307	1.0498±0.1622	0.0002±0.0001	0.0569±0.0078	0.0030±0.0001	0.0001±0.0000	0.0002±0.0001	1.2633±0.1930	0.0602±0.0080	20.9850
G3301311G11	0.2214±0.0123	1.0250±0.0415	0.0002±0.0000	0.0808±0.0119	0.0219±0.0042	0.0001±0.0000	0.0005±0.0000	1.2466±0.0538	0.1033±0.0161	12.0678
G3301410G1	0.1534±0.0102	0.6731±0.0615	0.0002±0.0001	0.0383±0.0037	0.0208±0.0004	0.0001±0.0000	0.0002±0.0000	0.8267±0.0718	0.0594±0.0041	13.9175
PL27018601G1	0.1953±0.0091	0.7870±0.3919	0.0006±0.0001	0.0593±0.0012	0.0046±0.0004	0.0001±0.0000	0.0004±0.0000	0.9829±0.4011	0.0644±0.0016	15.2624
PL23425473A1	0.1964±0.0082	0.8963±0.3887	0.0001±0.0000	0.0672±0.0035	0.0026±0.0001	0.0001±0.0000	0.0003±0.0000	1.0928±0.3969	0.0702±0.0036	15.5670
G3301711G1	0.1712±0.0125	1.0622±0.1467	0.0005±0.0001	0.0756±0.0325	0.0053±0.0002	0.0001±0.0000	0.0003±0.0001	1.2339±0.1593	0.0813±0.0328	15.1771
G3308411G1	0.1915±0.0244	1.0980±0.0781	0.0003±0.0001	0.0525±0.0041	0.0054±0.0020	0.0001±0.0000	0.0003±0.0000	1.2898±0.1026	0.0583±0.0061	22.1235
PL64508209G1	0.1970±0.0009	1.2105±0.0437	0.0001±0.0000	0.0660±0.0070	0.0152±0.0024	0.0001±0.0000	0.0003±0.0000	1.4076±0.0446	0.0816±0.0094	17.2500
PL2701989061	0.1633±0.0195	0.7618±0.1546	0.0001±0.0000	0.0852±0.0067	0.0090±0.0004	0.0001±0.0000	0.0002±0.0000	0.9252±0.1741	0.0945±0.0071	9.7905
G3308311G1	0.2406±0.0136	1.3708±0.1486	0.0002±0.0000	0.0930±0.0047	0.0377±0.0008	0.0001±0.0000	0.0002±0.0000	1.6116±0.1622	0.1310±0.0055	12.3023

续 表

番茄品种	果糖含量/(mg/g 鲜重)	葡萄糖含量/(mg/g 鲜重)	蔗糖含量/(mg/g 鲜重)	柠檬酸含量/(mg/g 鲜重)	苹果酸含量/(mg/g 鲜重)	琥珀酸含量/(mg/g 鲜重)	奎宁酸含量/(mg/g 鲜重)	总糖含量/(mg/g 鲜重)	总酸含量/(mg/g 鲜重)	糖酸比
PL27020270A1	0.2662±0.0047	1.3798±0.0594	0.0002±0.0000	0.0814±0.0074	0.0373±0.0035	0.0001±0.0000	0.0003±0.0000	1.6462±0.0641	0.1191±0.0109	13.8220
PL45199079A1	0.2121±0.0100	1.4144±0.0474	0.0002±0.0000	0.0831±0.0019	0.0117±0.0005	0.0001±0.0000	0.0003±0.0000	1.6267±0.0574	0.0952±0.0024	17.0872
PL63921504G1	0.1870±0.0040	0.9647±0.0411	0.0001±0.0000	0.0555±0.0030	0.0254±0.0034	0.0008±0.0002	0.0003±0.0000	1.1518±0.0451	0.0820±0.0066	14.0463
PL29085705G1	0.0867±0.0319	0.4857±0.1724	0.0002±0.0001	0.0410±0.0151	0.0064±0.0016	0.0001±0.0001	0.0002±0.0001	0.5726±0.2044	0.0477±0.0168	12.0042
G3301810G1	0.2433±0.0384	1.7102±0.2637	0.0002±0.0000	0.1190±0.0044	0.0095±0.0008	0.0001±0.0000	0.0002±0.0000	1.9537±0.3021	0.1288±0.0052	15.1685
PL64719603G1	0.2093±0.0066	1.2941±0.0452	0.0005±0.0001	0.0938±0.0078	0.0066±0.0011	0.0001±0.0000	0.0002±0.0000	1.5039±0.0519	0.1007±0.0089	14.9345
PL12899001G1	0.2007±0.0067	1.3436±0.0457	0.0002±0.0001	0.0677±0.0072	0.0054±0.0008	0.0001±0.0000	0.0003±0.0000	1.5445±0.0525	0.0735±0.008	21.0136
G3301911G1	0.2628±0.0448	1.7587±0.2654	0.0002±0.0001	0.0935±0.0032	0.0054±0.0005	0.0001±0.0000	0.0005±0.0001	2.0217±0.3103	0.0995±0.0038	20.3186
PL25043604G1	0.2555±0.0168	1.5709±0.1953	0.0026±0.0023	0.0647±0.0039	0.0238±0.0000	0.0001±0.0001	0.0003±0.0001	1.8290±0.2144	0.0889±0.0040	20.5737
G3302511G11	0.2103±0.0205	1.2942±0.0719	0.0002±0.0000	0.0521±0.0068	0.0214±0.0032	0.0001±0.0000	0.0003±0.0000	1.5047±0.0924	0.0739±0.0100	20.3613
G3302010G1	0.1804±0.0401	1.0911±0.2291	0.0003±0.0001	0.0613±0.0002	0.0147±0.0011	0.0001±0.0000	0.0002±0.0000	1.1898±0.2693	0.0763±0.0013	15.5937
PL33993896G1	0.2145±0.0026	1.3819±0.0546	0.0002±0.0000	0.0712±0.0104	0.0085±0.0014	0.0001±0.0000	0.0001±0.0000	1.5966±0.0573	0.0801±0.0118	19.9326
PL64504811G11	0.1716±0.0207	0.9802±0.1127	0.0002±0.0000	0.0598±0.0074	0.0070±0.0003	0.0001±0.0000	0.0002±0.0000	1.1520±0.1334	0.0671±0.0077	17.1684
PL30381004G1	0.2660±0.0092	1.4714±0.1503	0.0004±0.0000	0.0871±0.0101	0.0295±0.0052	0.0001±0.0000	0.0005±0.0000	1.7378±0.1595	0.1172±0.0153	14.8276
PL63920804G1-01	0.1773±0.0319	1.0004±0.1988	0.0001±0.0000	0.0231±0.0001	0.0030±0.0004	0.0004±0.0002	0.0003±0.0001	1.1778±0.2307	0.0268±0.0008	43.9478

续 表

番茄品种	果糖含量/ (mg/g 鲜重)	葡萄糖含量/ (mg/g 鲜重)	蔗糖含量/ (mg/g 鲜重)	柠檬酸含量/ (mg/g 鲜重)	苹果酸含量/ (mg/g 鲜重)	琥珀酸含量/ (mg/g 鲜重)	奎宁酸含量/ (mg/g 鲜重)	总糖含量/ (mg/g 鲜重)	总酸含量/ (mg/g 鲜重)	糖酸比
G3300910G1	0.2252±0.0116	0.8827±0.0360	0.0004±0.0001	0.0270±0.0043	0.0199±0.0020	0.0003±0.0000	0.0003±0.0000	1.1083±0.0477	0.0475±0.0063	23.3326
PL63920804G1-02	0.2384±0.0112	1.2375±0.0729	0.0002±0.0000	0.0836±0.0005	0.0154±0.0014	0.0001±0.0000	0.0003±0.0000	1.4761±0.0841	0.0994±0.0019	14.8501
PL64488511G1	0.2012±0.0067	1.1209±0.0357	0.0003±0.0000	0.0487±0.0041	0.0458±0.0036	0.0001±0.0000	0.0002±0.0000	1.3224±0.0424	0.0948±0.0077	13.9494
PL30377469A1	0.1786±0.0101	0.9521±0.0838	0.0009±0.0000	0.0344±0.0018	0.0182±0.0009	0.0001±0.0000	0.0003±0.0000	1.1316±0.0939	0.0530±0.0027	21.3509
G3304611G1	0.2153±0.0161	1.1802±0.1371	0.0007±0.0001	0.0832±0.0052	0.0200±0.0017	0.0001±0.0000	0.0003±0.0000	1.3962±0.1533	0.1036±0.0069	13.4768
PL63627703G1	0.2034±0.0043	1.1070±0.0385	0.0005±0.0000	0.0543±0.0011	0.0413±0.0013	0.0001±0.0000	0.0006±0.0000	1.3109±0.0428	0.0963±0.0024	13.6127
G3304711G1	0.2223±0.0079	1.0696±0.0217	0.0006±0.0000	0.0617±0.0068	0.0161±0.0021	0.0001±0.0000	0.0004±0.0000	1.2925±0.0296	0.0783±0.0089	16.5070
G3304811G1	0.1499±0.0162	0.5743±0.0886	0.0002±0.0000	0.0397±0.0049	0.0076±0.0005	0.0011±0.0001	0.0003±0.0000	0.7244±0.1048	0.0487±0.0055	14.8747
G3304911G1	0.3006±0.0332	1.6804±0.0868	0.0011±0.0001	0.0534±0.0074	0.0169±0.0036	0.0002±0.0000	0.0002±0.0000	1.9821±0.1201	0.0707±0.0110	28.0354
G3305011G1	0.2075±0.0103	0.9555±0.0725	0.0014±0.0001	0.0625±0.0022	0.0155±0.0001	0.0002±0.0000	0.0002±0.0000	1.1644±0.0829	0.0784±0.0023	14.8520
PL43887797G1	0.1894±0.0052	1.1845±0.0361	0.0002±0.0000	0.0272±0.0016	0.0053±0.0014	0.0002±0.0000	0.0002±0.0000	1.3741±0.0413	0.0329±0.0030	41.7660
G3303811G1	0.1512±0.0095	0.7907±0.0611	0.0001±0.0000	0.0360±0.0016	0.0036±0.0003	0.0002±0.0000	0.0002±0.0000	0.9420±0.0706	0.0400±0.0019	23.5500
G3304511G1	0.2486±0.0075	1.3748±0.0105	0.0005±0.0000	0.0904±0.0152	0.0115±0.0015	0.0001±0.0000	0.0006±0.0001	1.6239±0.0180	0.1026±0.0168	15.8275
G3304011G1	0.2092±0.0185	1.0752±0.0585	0.0002±0.0000	0.0393±0.0066	0.0021±0.0004	0.0004±0.0001	0.0003±0.0000	1.2846±0.0770	0.0421±0.0071	30.5131
PL44173997G1	0.1874±0.0249	1.1751±0.1716	0.0002±0.0000	0.1082±0.0205	0.0085±0.0020	0.0001±0.0000	0.0010±0.0001	1.3627±0.1965	0.1178±0.0226	11.5679

续　表

番茄品种	果糖含量/(mg/g 鲜重)	葡萄糖含量/(mg/g 鲜重)	蔗糖含量/(mg/g 鲜重)	柠檬酸含量/(mg/g 鲜重)	苹果酸含量/(mg/g 鲜重)	琥珀酸含量/(mg/g 鲜重)	奎宁酸含量/(mg/g 鲜重)	总糖含量/(mg/g 鲜重)	总酸含量/(mg/g 鲜重)	糖酸比
PL64753397G1	0.1408±0.0159	0.8711±0.1301	0.0001±0.0000	0.0389±0.0012	0.0070±0.0017	0.0001±0.0000	0.0002±0.0000	1.0120±0.1460	0.0462±0.0029	21.9048
G330631IG1	0.1465±0.0036	0.9038±0.0622	0.0001±0.0000	0.0413±0.0006	0.0058±0.0002	0.0002±0.0000	0.0004±0.0000	1.0504±0.0658	0.0477±0.0008	22.0210
G330771IG1	0.1780±0.0011	0.9127±0.0063	0.0001±0.0000	0.0790±0.0026	0.0051±0.0001	0.0001±0.0000	0.0006±0.0000	1.0908±0.0074	0.0848±0.0027	12.8632
G330781IG1	0.1227±0.0079	0.6331±0.0041	0.0004±0.0001	0.1525±0.0434	0.0068±0.0002	0.0001±0.0000	0.0013±0.0004	0.7562±0.0121	0.1607±0.0440	4.7057
PL30381168A1	0.1869±0.0078	0.9461±0.0565	0.0002±0.0000	0.0571±0.0023	0.0062±0.0001	0.0002±0.0000	0.0002±0.0000	1.1332±0.0643	0.0637±0.0024	17.7896
PL27021263A1	0.2355±0.0114	1.2610±0.0822	0.0006±0.0000	0.0478±0.0056	0.0078±0.0020	0.0001±0.0000	0.0004±0.0001	1.4971±0.0936	0.0561±0.0077	26.6863
PL45201897G1	0.1538±0.0096	0.8818±0.0374	0.0007±0.0000	0.0585±0.0007	0.0068±0.0002	0.0002±0.0000	0.0003±0.0000	1.0363±0.0470	0.0658±0.0009	15.7492
PL26595597G1	0.1774±0.0186	1.0645±0.0498	0.0003±0.0000	0.0352±0.0039	0.0072±0.0002	0.0002±0.0000	0.0003±0.0000	1.2422±0.0684	0.0428±0.0041	29.0234
PL27022800G1	0.1390±0.0163	0.6750±0.0981	0.0002±0.0000	0.0545±0.0030	0.0074±0.0002	0.0001±0.0000	0.0003±0.0000	0.8142±0.1144	0.0623±0.0032	13.0690
PL27023496G1	0.1654±0.0012	1.1809±0.0201	0.0002±0.0000	0.0605±0.0030	0.0159±0.0002	0.0002±0.0000	0.0004±0.0000	1.3465±0.0213	0.0770±0.0245	17.4870
PL27023663A1	0.1774±0.0170	1.1003±0.0772	0.0003±0.0000	0.0543±0.0058	0.0161±0.0004	0.0001±0.0000	0.0004±0.0000	1.2780±0.0942	0.0709±0.0062	18.0254
PL27023999G1	0.1876±0.0013	1.0016±0.0785	0.0005±0.0000	0.0464±0.0045	0.0101±0.0008	0.0001±0.0000	0.0002±0.0000	1.1897±0.0798	0.0568±0.0053	20.9454
PL27024163A1	0.1389±0.0012	1.1516±0.0764	0.0004±0.0000	0.0527±0.0002	0.0109±0.0005	0.0002±0.0000	0.0003±0.0000	1.2909±0.0776	0.0641±0.0007	20.1388
PL27024963A1	0.1974±0.0056	1.1582±0.0749	0.0008±0.0001	0.0646±0.0002	0.0091±0.0002	0.0002±0.0000	0.0003±0.0000	1.3564±0.0806	0.0742±0.0004	18.2803
PL27956562G1	0.1957±0.0129	1.0883±0.0318	0.0004±0.0000	0.0350±0.0004	0.0105±0.0004	0.0002±0.0000	0.0002±0.0000	1.2844±0.0447	0.0459±0.0008	27.9826
PL30374965A1	0.1897±0.0039	1.0151±0.0032	0.0005±0.0001	0.0398±0.0019	0.0021±0.0001	0.0002±0.0000	0.0004±0.0000	1.2053±0.0072	0.0425±0.0020	28.3600

续 表

番茄品种	果糖含量/(mg/g 鲜重)	葡萄糖含量/(mg/g 鲜重)	蔗糖含量/(mg/g 鲜重)	柠檬酸含量/(mg/g 鲜重)	苹果酸含量/(mg/g 鲜重)	琥珀酸含量/(mg/g 鲜重)	奎宁酸含量/(mg/g 鲜重)	总糖含量/(mg/g 鲜重)	总酸含量/(mg/g 鲜重)	糖酸比
PL30967272A1	0.1618±0.0051	0.9467±0.0152	0.0001±0.0000	0.0468±0.0026	0.0030±0.0001	0.0002±0.0000	0.0003±0.0000	1.1086±0.0203	0.0503±0.0027	22.0398
G3300811G1	0.1508±0.0041	1.0069±0.0053	0.0002±0.0000	0.0369±0.0000	0.0022±0.0001	0.0001±0.0000	0.0002±0.0000	1.1579±0.0094	0.0394±0.0001	29.3883
PL30966981A1	0.1813±0.0091	1.1496±0.1441	0.0005±0.0000	0.0488±0.0013	0.0124±0.0006	0.0001±0.0000	0.0003±0.0000	1.3314±0.1532	0.0616±0.0019	21.6136
PL33991470A1	0.1757±0.0046	0.8641±0.0173	0.0001±0.0000	0.0511±0.0025	0.0080±0.0003	0.0001±0.0000	0.0002±0.0000	1.0399±0.0219	0.0594±0.0028	17.5067
PL34112498G1	0.1947±0.0034	1.0389±0.0327	0.0003±0.0000	0.0429±0.0001	0.0096±0.0002	0.0001±0.0000	0.0002±0.0000	1.2339±0.0361	0.0528±0.0003	23.3693
PL34113296G1	0.1495±0.0088	0.8871±0.0748	0.0001±0.0000	0.0413±0.0016	0.0044±0.0004	0.0001±0.0000	0.0002±0.0000	1.0367±0.0836	0.0460±0.0020	22.5370
PL34113396G1	0.1394±0.0024	0.7349±0.0215	0.0001±0.0000	0.0450±0.0030	0.0088±0.0005	0.0001±0.0000	0.0003±0.0000	0.8744±0.0239	0.0542±0.0035	16.1328
PL37009111A1	0.1618±0.0049	0.9650±0.0428	0.0001±0.0000	0.0275±0.0026	0.0088±0.0002	0.0001±0.0000	0.0003±0.0000	1.1269±0.0477	0.0367±0.0028	30.7057
PL64521411G1	0.1841±0.0085	1.1120±0.0289	0.0003±0.0000	0.0577±0.0007	0.0118±0.0018	0.0001±0.0000	0.0004±0.0000	1.2964±0.0374	0.0700±0.0025	18.5200
PL64536111G1	0.2074±0.0214	1.1983±0.1116	0.0002±0.0000	0.0604±0.0063	0.0072±0.0003	0.0001±0.0000	0.0004±0.0000	1.4059±0.1330	0.0681±0.0066	20.6446
PL64712284A1	0.1018±0.0002	0.6620±0.0043	0.0001±0.0000	0.0675±0.0036	0.0078±0.0002	0.0001±0.0000	0.0004±0.0000	0.7639±0.0045	0.0758±0.0038	10.0778
PL45096797G1	0.1012±0.0014	0.1475±0.0393	0.0001±0.0000	0.0114±0.0003	0.0005±0.0000	0.0016±0.0001	0.0004±0.0000	0.2488±0.0407	0.0139±0.0004	17.8993
PL4519707G1	0.1468±0.0050	0.8937±0.0402	0.0001±0.0000	0.0351±0.0002	0.0048±0.0004	0.0002±0.0000	0.0003±0.0000	1.0406±0.0452	0.0404±0.0006	25.7574
PL63630203G1	0.1496±0.0126	0.9113±0.1295	0.0001±0.0000	0.0304±0.0001	0.0033±0.0017	0.0004±0.0001	0.0003±0.0000	1.0610±0.1421	0.0344±0.0019	30.8430
PL63851396G1	0.1586±0.0039	0.8530±0.0008	0.0002±0.0000	0.0289±0.0041	0.0118±0.0001	0.0001±0.0000	0.0002±0.0000	1.0118±0.0047	0.0410±0.0042	24.6780
PL64537011G1	0.1482±0.0117	0.9624±0.0011	0.0001±0.0000	0.0329±0.0007	0.0081±0.0003	0.0001±0.0000	0.0003±0.0000	1.1107±0.0128	0.0414±0.0010	26.8285

续　表

番茄品种	果糖含量/(mg/g 鲜重)	葡萄糖含量/(mg/g 鲜重)	蔗糖含量/(mg/g 鲜重)	柠檬酸含量/(mg/g 鲜重)	苹果酸含量/(mg/g 鲜重)	琥珀酸含量/(mg/g 鲜重)	奎宁酸含量/(mg/g 鲜重)	总糖含量/(mg/g 鲜重)	总酸含量/(mg/g 鲜重)	糖酸比
PL64538910G1	0.1204±0.0091	0.6012±0.0461	0.0001±0.0000	0.0336±0.0013	0.0046±0.0005	0.0001±0.0000	0.0002±0.0000	0.7217±0.0552	0.0385±0.0018	18.7455
PL64539009G1	0.1300±0.0050	0.7667±0.0302	0.0001±0.0000	0.0429±0.0006	0.0013±0.0000	0.0001±0.0000	0.0003±0.0000	0.8968±0.0352	0.0446±0.0006	20.1076
PL64539109G1	0.1754±0.0054	0.9011±0.0167	0.0002±0.0000	0.0394±0.0017	0.0029±0.0001	0.0001±0.0000	0.0003±0.0000	1.0767±0.0221	0.0427±0.0018	25.2155
PL64539811G1	0.1358±0.0027	0.6971±0.0293	0.0002±0.0000	0.0455±0.0019	0.0074±0.0005	0.0002±0.0000	0.0003±0.0000	0.8331±0.0320	0.0534±0.0024	15.6011
PL64731698G1	0.1702±0.0069	0.9094±0.0081	0.0003±0.0001	0.0328±0.0018	0.0193±0.0034	0.0001±0.0000	0.0003±0.0000	1.0799±0.0151	0.0525±0.0052	20.5695
PL60090611G1	0.0988±0.0022	0.5429±0.0144	0.0002±0.0000	0.0363±0.0018	0.0063±0.0006	0.0001±0.0000	0.0002±0.0000	0.6419±0.0166	0.0429±0.0024	14.9627
PL60090711G1	0.1866±0.0198	1.0900±0.1283	0.0002±0.0000	0.0475±0.0029	0.0067±0.0000	0.0002±0.0000	0.0003±0.0000	1.2768±0.1481	0.0547±0.0029	23.3419
PL60092006G1	0.1547±0.0046	0.9112±0.0594	0.0001±0.0000	0.0275±0.0035	0.0044±0.0005	0.0001±0.0000	0.0002±0.0000	1.0660±0.0640	0.0322±0.0040	33.1056
PL60092705G1	0.1000±0.0047	0.4974±0.0141	0.0001±0.0000	0.0082±0.0027	0.0022±0.0004	0.0001±0.0000	0.0002±0.0000	0.5975±0.0188	0.0107±0.0031	55.8411
PL60093011G1	0.1300±0.0102	0.7000±0.0355	0.0001±0.0000	0.0231±0.0018	0.0042±0.0006	0.0001±0.0000	0.0002±0.0000	0.8301±0.0457	0.0276±0.0024	30.0761
PL60113605G1	0.0959±0.0103	0.4063±0.0757	0.0001±0.0000	0.0706±0.0113	0.0146±0.0000	0.0001±0.0000	0.0010±0.0002	0.5023±0.0860	0.0863±0.0115	5.8204
PL60116511G1	0.1307±0.0081	0.7816±0.0700	0.0001±0.0000	0.0251±0.0015	0.0084±0.0008	0.0001±0.0000	0.0003±0.0000	0.9124±0.0781	0.0339±0.0023	26.9145
PL60117711G1	0.1016±0.0135	0.6061±0.0875	0.0001±0.0000	0.0289±0.0008	0.0077±0.0002	0.0001±0.0000	0.0002±0.0000	0.7078±0.1010	0.0369±0.0010	19.1816
PL60117811G1	0.1204±0.0253	0.6301±0.2018	0.0001±0.0000	0.0279±0.0019	0.0049±0.0001	0.0003±0.0002	0.0003±0.0000	0.7506±0.2271	0.0334±0.0022	22.4731
PL60119207G1	0.1375±0.0048	0.6909±0.0070	0.0001±0.0000	0.0178±0.0029	0.0055±0.0017	0.0003±0.0000	0.0002±0.0000	0.8285±0.0118	0.0238±0.0046	34.8109
PL60141187110	0.1407±0.0154	0.8786±0.1110	0.0001±0.0000	0.0168±0.0031	0.0052±0.0011	0.0001±0.0000	0.0002±0.0000	1.0194±0.1264	0.0223±0.0042	45.7130

续 表

番茄品种	果糖含量/(mg/g 鲜重)	葡萄糖含量/(mg/g 鲜重)	蔗糖含量/(mg/g 鲜重)	柠檬酸含量/(mg/g 鲜重)	苹果酸含量/(mg/g 鲜重)	琥珀酸含量/(mg/g 鲜重)	奎宁酸含量/(mg/g 鲜重)	总糖含量/(mg/g 鲜重)	总酸含量/(mg/g 鲜重)	糖酸比
PL55991294G1	0.1006±0.0122	0.7767±0.0099	0.0001±0.0000	0.0265±0.0029	0.0053±0.0006	0.0001±0.0000	0.0002±0.0000	0.8774±0.0221	0.0321±0.0035	27.3333
C144	0.2718±0.0115	1.4583±0.0652	0.0003±0.0002	0.0580±0.0055	0.0029±0.0016	0.0001±0.0001	0.0002±0.0001	1.7304±0.0769	0.0612±0.0073	28.2745
PL60134209G1	0.1502±0.0210	0.8631±0.1374	0.0008±0.0001	0.0250±0.0046	0.0128±0.0003	0.0001±0.0000	0.0003±0.0001	1.0141±0.1585	0.0382±0.0050	26.5471
PL60139610G1	0.1317±0.0081	0.7069±0.0651	0.0002±0.0000	0.0355±0.0002	0.0077±0.0005	0.0001±0.0000	0.0002±0.0000	0.8388±0.0732	0.0435±0.0007	19.2828
PL60144910G1	0.1039±0.0002	0.5518±0.0062	0.0001±0.0000	0.0234±0.0009	0.0067±0.0000	0.0001±0.0000	0.0003±0.0000	0.6558±0.0064	0.0305±0.0009	21.5016
PL60145011G1	0.1209±0.0008	0.5899±0.0709	0.0002±0.0000	0.0240±0.0002	0.0082±0.0005	0.0001±0.0000	0.0003±0.0000	0.7110±0.0717	0.0326±0.0007	21.8098
PL60151211G1	0.0971±0.0226	0.5451±0.2086	0.0003±0.0000	0.0264±0.0019	0.0107±0.0003	0.0001±0.0000	0.0002±0.0000	0.6425±0.2312	0.0374±0.0022	17.1791
PL60160110G1	0.1526±0.0010	0.8654±0.0135	0.0002±0.0000	0.0401±0.0013	0.0061±0.0002	0.0001±0.0000	0.0003±0.0000	1.0182±0.0145	0.0466±0.0015	21.8498
PL60162910G1	0.0934±0.0093	0.4431±0.0731	0.0003±0.0000	0.0212±0.0032	0.0046±0.0002	0.0001±0.0000	0.0002±0.0000	0.5368±0.0824	0.0261±0.0034	20.5670
PL28625504G1	0.1390±0.0130	0.8341±0.0542	0.0002±0.0000	0.0267±0.0023	0.0091±0.0020	0.0002±0.0000	0.0004±0.0000	0.9733±0.0672	0.0364±0.0043	26.7390
PL64748606G1	0.1404±0.0013	0.6354±0.0133	0.0003±0.0000	0.0319±0.0032	0.0126±0.0014	0.0001±0.0000	0.0002±0.0000	0.7761±0.0146	0.0448±0.0046	17.3237
PL64730510G1	0.1374±0.0052	0.7712±0.0436	0.0001±0.0000	0.0212±0.0006	0.0092±0.0009	0.0003±0.0000	0.0004±0.0001	0.9087±0.0488	0.0311±0.0016	29.2186
PL63626203G1	0.1406±0.0016	0.9376±0.0025	0.0002±0.0000	0.0477±0.0025	0.0248±0.0004	0.0002±0.0000	0.0005±0.0001	1.0784±0.0041	0.0732±0.0030	14.7322
PL63921304G1	0.1221±0.0044	0.6577±0.0408	0.0002±0.0000	0.0413±0.0010	0.0056±0.0005	0.0001±0.0000	0.0003±0.0000	0.7800±0.0452	0.0473±0.0011	16.4905

注：表中数据为三个生物学重复的平均值，"±"后的数值为标准差。

对 156 份番茄"传家宝"种质资源的番茄红素含量进行测定发现，其含量范围为 0（如 PL58445607G1，未检测到）～246 μg/g 鲜重（PL45196797G1）。其中，番茄红素含量低于 50 μg/g 鲜重的有 35 份，50.01～100.00 μg/g 鲜重的有 56 份，100.01～150.00μg/g 鲜重的有 30 份，150.01～200.00 μg/g 鲜重的有 22 份，200.01～250.00 μg/g 鲜重的有 13 份（见图 3-1）。该分布情况为选育和培育高番茄红素番茄品种提供了重要育种材料。

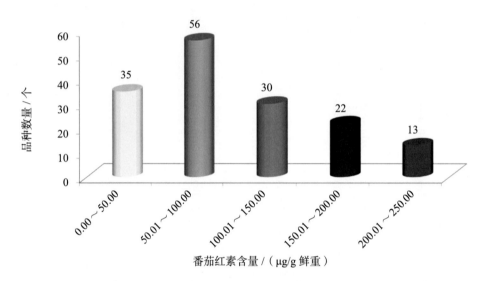

图 3-1　不同番茄"传家宝"种质资源番茄红素含量分布情况

156 份番茄"传家宝"种质资源单果重范围为 1.57（PL60141187110）～314.67 g（PL15876006G1）。其中，低于 50 g 的有 60 份，50.01～100 g 的有 66 份，100.01～150.00 g 的有 21 份，大于 150.00 g 的有 9 份（见图 3-2）。

所测试的 156 份番茄"传家宝"种质资源的总可溶性固形物含量范围为 2.90%（G3300910G1）～9.6%（PL12859208G1）。其中，总可溶性固形物含量小于等于 3.0% 的仅有 1 份（G3300910G1）；3.01%～5.00% 的有 53 份；大多数含量分布为 5.01%～7.00%，有 95 份，占 61%；而有 7 份"传家宝"种质资源的总可溶性固形物含量高于 7.01%，其中高于 8% 的有 4 份，分别为 PL12859208G1（9.60%）、PL64755601G1（8.67%）、PL63921504G1（8.47%）和 PL60141187110（8.99%）（见图 3-3）。这些高总可溶性固形物含量的番茄"传家宝"种质资源可以用于培育高品质、口感和风味优良的品种。

对 156 份番茄"传家宝"种质资源抗坏血酸含量的分析发现，其含量范围为 5.99（G3308411G1）～71.12 mg/100 g 鲜重（PL27040861A1）。其中，抗坏血酸含量为 0～

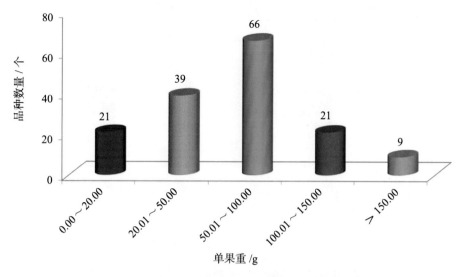

图 3-2 不同番茄"传家宝"种质资源单果重分布情况

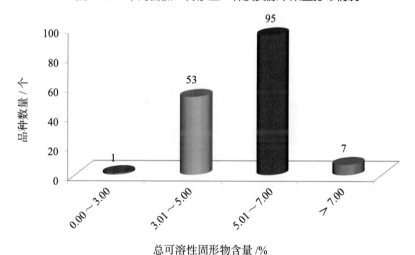

图 3-3 不同番茄"传家宝"种质资源总可溶性固形物分布情况

10.00 mg/100 g 鲜重的有 57 份，10.01～20.00 mg/100 g 鲜重的有 57 份，20.01～30.00 mg/100 g 鲜重的仅有 7 份，而大于 30 mg/100 g 鲜重的有 35 份（见图 3-4），该结果为番茄品质改良提供了重要参考。

156 份番茄"传家宝"种质资源的可溶性总糖含量范围为 0.25（PL45096797G1）～2.36 mg/g 鲜重（G3301111G1）。其中，含量小于等于 0.40 mg/g 鲜重的番茄"传家宝"种质资源有 2 份，0.41～0.80 mg/g 鲜重的有 17 份，0.81～1.20 mg/g 鲜重和 1.21～1.60 mg/g 鲜重的均为 55 份，1.60～2.00 mg/g 鲜重的有 22 份，大于 2.00 mg/g 鲜重的有 5 份（见图 3-5）。这将为番茄优良育种提供有用的育种材料。

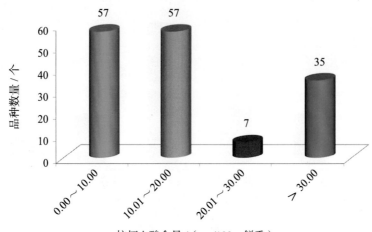

图 3-4 不同番茄"传家宝"种质资源抗坏血酸含量分布情况

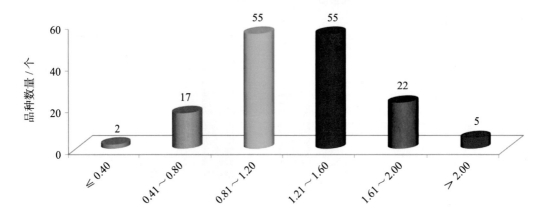

图 3-5 不同番茄"传家宝"种质资源可溶性总糖含量分布情况

156 份番茄"传家宝"种质资源总有机酸含量范围为 0.010 7（PL60092705G1）～0.181 6 mg/g 鲜重（P19809706G1）。其中，含量小于等于 0.040 0 mg/g 鲜重的有 25 份，0.040 0～0.080 0 mg/g 鲜重的有 68 份，0.080 1～0.120 0 mg/g 鲜重的有 47 份，0.120 1～0.160 0 mg/g 鲜重的有 12 份，还有 4 份的总有机酸含量超过 0.160 0 mg/g 鲜重（见图 3-6）。这将为番茄风味育种提供理论依据。

156 份番茄"传家宝"种质资源的糖酸比范围为 2.71（PL12859208G1）～55.84（PL60092705G1）。其中，糖酸比小于等于 10.000 的有 14 个，10.001～20.000 的有 76 个，20.001～30.000 的有 55 个，30.001～40.000 的有 6 个，40.001～50.000 的有 4 个，大于 50.000 的有 1 个（见图 3-7）。这些数据为番茄的风味育种提供了重要参考。

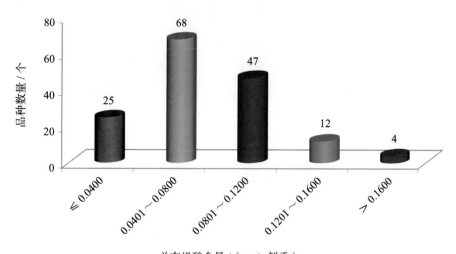

图 3-6　不同番茄"传家宝"种质资源总有机酸含量分布情况

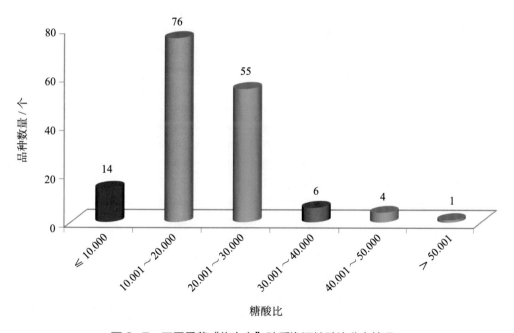

图 3-7　不同番茄"传家宝"种质资源糖酸比分布情况

参考文献

沈德绪，徐正敏，1957. 番茄研究 [M]. 北京：科学出版社.

赵凌侠，王富，孟凡娟，等，2012. 番茄野生资源 [M]. 上海：上海交通大学出版社.

BEDINGER P, CHETELEAT R T, MCCLURE B, et al., 2011. Interspecific reproductive barriers in the tomato clade: opportunities to decipher machanisms of reproductive isolation[J]. Sexual Plant Reproduction, 24(3): 171-187.

CHALIVENDRA S, LOPEZ-CASADO G, KUMAR A, et al., 2013. Developmental onset of reproductive barriers and associated proteome change in stigma/style of *Solanum pennellii* [J]. Journal of Experimental Botany, 64: 265-279.

CHETELAT R T, CISNEROS P, STAMOVA L, et al., 1997. A male-fertile *Lycopersicon esculentum* × *Solanum lycopersicoides* hybrid enable direct backcrossing to tomato at the diploid level[J]. Euphytica, 95: 99-108.

CHETELAT RT, MEGLIC V, CISNEROS P, 2000. A genetic map of tomato based on BC$_1$ *Lycopersicon esculentum* × *Solanum lycopersicoides* reveals overall synteny but suppressed recombination between these homeologous genomes[J]. Genetics, 154(2): 857-867.

COHEN L A, 2002. A review of animal model studies of tomato carotenoids, lycopene, and cancer chemoprevention[J]. Experimental Biology and Medicine, 227(10), 864-868.

DOGANLAR S, FRARY A S, TANKSLEY S D, 1997. Production of interspecific F$_1$ hybrids, BC$_1$, BC$_2$ and BC$_3$ populations between *Lycopersicon esculentum* and two accessions of *Lycopersicon peruvianum* carry new root-nematode resistance genes[J]. Euphytia, 95: 203-207.

GAO L, GONDA I, SUN H H, et al., 2019. The tomato pan-genome uncovers new genes and a rare allele regulating fruit flavor[J]. Nature Genetics, 51: 1044-1051.

GIOVANNONI J J, 2006. Breeding new life into plant metabolism[J]. Nature Biotechnology, 24(4): 418-419.

JENKINS J A, 1948. The origin of the cultivated tomato[J]. Economic Botany, 2(4): 379-392.

JIA Y, LOH Y T, ZHOU J, et al., 1997. Alleles of *Pto* and *Fen* occur in bacterial speck-susceptible and fenthion-insensitive tomato cultivars and encode active protein kinases[J]. The Plant Cell, 9(1): 61-73.

KOLE C, 2007. Genome Mapping and Molecular Breeding in Plants[M]. Berlin: Springer-Verlag.

KOLE C, ABBOTT A G, 2008. Principles and Practices of Plant Genomic: Molecular Breeding[M]. Boca Raton: CRC Press.

LABATE J A, ROBERTSON L D, 2012. Evidence of cryptic introgression in tomato (*Solanum lycopersicum* L.) based on wild tomato species alleles[J]. BMC Plant Biology, 12: 133.

LERFRANCOIS C, CHUPEAU Y, BOURGIN J P, 1993. Sexual and somatic hybridization in genus

Lycopersicon[J]. Theoretical and Applied Genetics, 86: 533−546.

LI W T, CHETELAT R T, 2010. A pollen factor linking inter- and intraspecific pollen rejection in tomato[J]. Science, 330: 1827−1830.

LIN T, ZHU G T, ZHANG J H, et al., 2014. Genomic analyses provide insights into the history of tomato breeding[J]. Nature Genetics, 46: 1220−1226.

MCCLEAN P E, HANSON M R, 1986. Mitochondrial DNA sequence divergence among *Lycopersicom* and related *Solanum* species[J]. Genetics, 112: 649−667.

MENDA N, SEMEL Y, PELED D, et al., 2004. In silico screening of a saturated mutation library of tomato[J]. The Plant Journal, 38: 861−872.

MILLER J C, TANKSLEY S D, 1990. RFLP analysis of phylogenetic relationships and genetic variation in the genus *Lycopersicon*[J]. Theoretical and Applied Genetics, 80(4): 437−448.

MOYLE L C, 2008. Ecological and evolutionary genomics in the wild tomatoes (*Solanum* Sect. *Lycopersicon*) [J]. Evolution, 62(12): 2995−3013.

OSORIO S, ALBA R, DAMASCENO C M B, et al., 2011. Systems biology of tomato fruit development: combined transcript, protein and metabolite analysis of tomato transcription factor (*nor, rin*) and ethylene receptor (*Nr*) mutants reveals novel regulatory interactions[J]. Plant Physiology, 157(1): 405−425.

RICK C M, 1951. Hybrids between *Lycopersicon esculentum* Mill. and *Solanum lycopersicoides* Dun[J]. Taxon, 51(3): 633.

RICK C M, CHETELAT R T, 1995. Utilization of related wild species for tomato improvement[J]. Acta Horticulturae, 412: 21−38.

SAITO T, ARIIZUMI T, OKABE Y, et al., 2011. TOMATOMA: A novel tomato mutant database distributing micro-tom mutant collections[J]. Plant Cell Physiol, 52(2): 283−296.

SATO S, TABATA S, HIRAKAWA H, et al., 2012. The tomato genome sequence provides insights into fleshy fruit evolution[J]. Nature, 485: 635−641.

SHINOZAKI Y, NICOLAS P, FERNANDEZ-POZO N, et al., 2018. High-resolution spatiotemporal transcriptome mapping of tomato fruit development and ripening[J]. Nature Communications, 9: 364.

SPOONER D M, PERALTA I E, KNAPP S, 2005. Comparison of AFLPs with other markers for phylogenetic inference in wild tomatoes (*Solanum* L. section *Lycopersicon* (Mill.) Wettst.)[J]. Taxon, 54(1): 43−61.

TAN H L, THOMAS-AHNER J M, MORAN N E, et al., 2017. β-Carotene 9′, 10′ oxygenase modulates the anticancer activity of dietary tomato or lycopene on prostate carcinogenesis in the TRAMP model[J]. Cancer Prevention Research, 10(2), 161−169.

TANKSLEY S D, GRANDILLO S, FULTON T M, et al., 1996. Advanced backcross QTL analysis in a cross between an elite processing line of tomato and its wild relative *L. pimpinellifolium*[J]. Theoretical and Applied Genetics, 92: 213−224.

TANKSLEY S D, MCCOUCH S R, 1997. Seed banks and molecular maps: unlocking genetic potential from the wild[J]. Science, 277: 1063−1066.

TANKSLEY S D, 2004. The genetic, developmental, and molecular bases of fruit size and shape variation in tomato[J]. Plant Cell, 16: 181−189.

YEATS T H, MARTIN L B B, VIART H M F, et al., 2012. Enzymatic synthesis of the plant biopolyester cutin from hydroxyacylglycerol precursors[J]. Nature Chemical Biology, 8: 609−611.

ZHU G T, WANG S C, HUANG Z J, et al., 2018. Rewiring of the fruit metabolome in tomato breeding[J]. Cell, 172: 249−261.